本书精华点评

"好书总能给出可以遵循的好建议,《Scrum 捷径》绝对是这样的一本书。无论是新手还是有经验的实践者,只要对 Scrum 有适度的兴趣,就可以运用这本书中的内容颠覆游戏规则,告别伪敏捷。Ilan Goldstein 在本书中介绍如何运用和保持有效敏捷实践的宝贵见解与我们分享他广泛而丰富的经验。"

——Kevin Austin,《财富》50 强银行敏捷教练和变革领导人

"成功的软件团队肯定有合适的成员,并且他们有权利和自由在工作中发挥其特长。理解这本书的模式和误用模式(我最喜欢的误用模式"测试 Sprint"),可以帮助你知道谁是合适的人,如何帮助他们更好地工作。这些捷径以人为本,因而富有成效。赶快让团队(以及公司里的其他人)今天就开始看这本书并开始分享心得吧。"

——Lisa Crispin,《敏捷测试》合著者

"Ilan Goldstein 向敏捷团队提供了有效的建议和实用的解决方案,并取得了实实在在的效果,也因此而在敏捷社区中赢得了众多忠实的粉丝。我非常兴奋,他终于成功地把他的专业技能提炼到一本既富有宝贵见解又通俗易懂的书中。我迫不及待地想把他的好主意运用于自己的工作中!"

——Pete Deemer,Stormglass 公司首席执行官,《Scrum 初步》作者

"对于任何使用 Scrum 来开发软件的人来说,这是一本优秀的参考书。无论是有经验的实践者,还是一个刚刚起步的新人,都能从中找到适合学习并马上动手尝试的东西。Ilan 这种通俗易懂且引人入胜的写作风格恰到好处地描绘了我们在现实世界中可能面临的挑战,并提供了应对挑战的实用指导。"

——Ryan Dorrell,AgileThought 公司首席技术官

"我特别喜欢本书随笔式的写作风格。我可以浏览全书，直接跳到我感兴趣的主题，也更容易理解 Ilan 对问题的考虑和看法。虽然我们都已经接触过 Ilan 所介绍的内容，但他让我们从一个全新的角度看待同样的问题，给我们新的启发。非常有价值！"

——Ron Jeffries，敏捷宣言共同签署人，xprogramming.com 公司创始人

"Scrum 不是一个解决方案。只有在经历过不停的检查和调整之旅后，解决方案才会变得清晰起来。这个旅程不是一帆风顺的，在尝试根据具体组织情况调整运用 Scrum 的时候，错误在所难免。在我看来，Ilan 这本书就像是一本 Scrum 搭便车指南，让你眼界大开，为你提供工具、捷径和信心，支持你勇往直前。我由衷地赞赏 Ilan 在故事中展现的坦诚和他分享经验的方式。Ilan 没有在说教，所以呢，我们不必一一认同他讲的每一个技巧或招数。他的愿望是引发你思考，挑战你的假设，帮助你走自己的路。"

——Martin Kearns，Scrum 培训师，SMS 管理与技术公司全国敏捷和创新领导

"大多数关于 Scrum 的书都是以第三人称的角度空谈理论，读起来枯燥乏味。Ilan 的书则截然不同，就好像他在和你聊天。我不停地点头认可他指出的'骨感'现实，也情不自禁被他实用、幽默、准确的睿智逗乐。他的文字行如流水，让你恨不得一气呵成，从头读到尾。"

——Clinton Keith，Scrum 培训师，《Scrum 敏捷游戏开发》作者

"在《Scrum 捷径》中，Ilan Goldstein 将 Scrum 团队必知必会的东西和盘托出。事实上，Scrum 经常被用作一个衡量改变的框架：改变超出某一个程度，Scrum 就会变得面目皆非，不再那么有效。Goldstein 清晰地划清界限：哪些机制可以根据实际情况修改，哪些机制是保证成功的必要前提，必须坚持。"

——Arik Kogan，Cougar 软件公司商务智能经理

"Ilan 独辟蹊径，从一个清新的角度来看 Scrum。他带你超越理论，分享他的真实经历，为 Scrum 在组织内部的成功推广和应用提供实

用的建议。他的洞察力及对 Scrum 的哲学观点会帮助你始终领先于潮流。"

——John Madden，HotelsCombined 项目经理

"Ilan 做了很伟大的工作。这本充满真知灼见的书着眼于 ScrumMaster 的成长要素，为大多数 Scrum 之旅提供了实用的实证经验。书中穿插着实用的建议和故事，所以既有用，也很有趣。我很喜欢这本书，也期待我的书架上有这本书。Ilan 真的干得很棒。"

——Kane Mar，Scrum 培训师，Scrumology.com 公司共同创始人兼总裁

"Scrum 给人一种很简单的错觉。但正如某些人所说，Scrum 非常容易被照猫画虎以平庸的方式实践，徒然得其形而未能得其神。我自己也曾多次跌入这样的陷阱。通过这本书，你很容易找到最有用的信息。每章都说到你的心坎儿上，阅读这本书本身也很有乐趣。我吐血推荐。"

——Jens Meydam，Zaharztekasse AG 开发总监

"Ilan 这本书不是一本普通的指导手册，它不讲如何在工作场所中使用 Scrum，而是一个全面的工具箱或锦囊，可以用于指导如何建立自组织的、高绩效的 Scrum 团队。对所有 Scrum 实践者而言，这都是一本引人入胜的、令人愉快的而且有意义的读物。"

——Michael Rembach，新南威尔士运输公司应用开发经理

"Ilan 针对 Scrum 提供了有价值的战术、工具和秘诀，清楚展示出他自己在辛苦战斗中得到的工作经验。这本书不是纸上谈兵，空谈 Scrum 理论，而是专注于实践者，是 Scrum 应用过程的真实写照。主题以简明的方式展现出来，非常便于读者愉快地阅读和消化。《Scrum 捷径》是 Scrum 参考书目中新增的重要补充读物，也是拙作《Scrum 精髓》的最佳姐妹篇（后续）！"

——Kenny Rubin，Innolution 公司负责人及《Scrum 精髓》作者

"如果说 Scrum 和敏捷很容易，岂不是人人都会用敏捷和 Scrum？！

直到现在，才开始逐渐有很多人开始尝试用敏捷和 Scrum，这本书好比一个虚拟的敏捷教练。要是在我自己的 Scrum 之旅早期就遇见它，该有多好！Ilan 是一名世界级的教练，他在书中针对 Scrum 转型过程中的所有常见疑问和难题，提供了他独有的想法和解决思路。"

——Craig Smith，InfoQ 敏捷教练和编辑

"如果《Scrum 指南》介绍的是游戏规则，那么《Scrum 捷径》就是教专家如何玩转 Scrum。Ilan Goldstein 揭示了每个团队都必知必会的小秘密，使其能够高效地用好 Scrum。从冲刺长度，到分解工作，再到相对估计，Ilan 抓住 Scrum 这些灰色地带的要害，对这个不确定的世界给出明智的建议。"

——Renee Troughton，敏捷教练及《敏捷森林》作者

"Ilan 与我们分享了他多年来在许多团队推行 Scrum 时所学到的经验，他透过表象，深入核心，给出很多的建议，帮助团队提升到更高层次。通过幽默生动的方式和分享个人亲身经历的小故事，《Scrum 捷径》成为适合所有 ScrumMaster 随身携带的'四次元口袋'。无论使用 Scrum 的时间是几个月还是几年，这本书都能为 Scrum 团队提供灵感，从容应对任何挑战。"

——Liza Wood，ScrumMaster，Sockets and Lightbulbs 博主

Scrum 捷径

Scrum Shortcuts without Cutting Corners: Agile Tactics, Tools, & Tips

敏捷策略、工具与技巧

Ilan Goldstein 著

Evelyn Tian 徐远来 译

Mike Cohn 英文版推荐序

清华大学出版社

北 京

内容简介

Scrum 作为主流的敏捷方法，因其简单易行而在软件行业迅速普及。但要想取得成效，一些重要的节点不可或缺。作者从多年的实践中，总结和梳理出 30 个捷径，充分说明如何才能用对、用好 Scrum。每个捷径都包含相关的策略、工具和提示，读者可以从幽默风趣的字里行间体会 Scrum 框架的精妙，掌握敏捷的精髓，这是正规培训课程难以企及的。

本书适合经历过 Scrum 之痛的读者参考，更适合没有任何 Scrum 经验的新人阅读。

本书中文简体翻译版由 Pearson Education 授权给清华大学出版社在中国境内(不包括中国香港、澳门特别行政区)出版发行。

北京市版权局著作权合同登记号　图字：01-2014-2595

本书封面贴有 Pearson Education(培生教育出版集团)激光防伪标签和清华大学出版社防伪标签，无标签者不得销售。

版权所有，侵权必究。侵权举报电话：010-62782989　13701121933

图书在版编目(CIP)数据

Scrum 捷径：敏捷策略、工具与技巧/(澳)戈尔茨坦(Goldstein, I.)著；(加)田(Tian, E.)，徐远来译. --北京：清华大学出版社，2014 (2019.4重印)
书名原文：Scrum Shortcuts without Cutting Corners: Agile Tactics, Tools, & Tips
ISBN 978-7-302-37328-5

Ⅰ. ①S… Ⅱ. ①戈… ②田… ③徐… Ⅲ. ①软件开发—项目管理 Ⅳ. ①TP311.52

中国版本图书馆 CIP 数据核字(2014)第 159562 号

责任编辑：文开琪
封面设计：杨玉兰
责任校对：周剑云
责任印制：丛怀宇

出版发行：清华大学出版社
　　　　　网　　　址：http://www.tup.com.cn，http://www.wqbook.com
　　　　　地　　　址：北京清华大学学研大厦 A 座　　　　邮　　编：100084
　　　　　社 总 机：010-62770175　　　　　　　　　　　邮　　购：010-62786544
　　　　　投稿与读者服务：010-62776969，c-service@tup.tsinghua.edu.cn
　　　　　质 量 反 馈：010-62772015，zhiliang@tup.tsinghua.edu.cn
印 刷 者：北京鑫丰华彩印有限公司
装 订 者：三河市溧源装订厂
经　　销：全国新华书店
开　　本：185mm×230mm　　　印　张：14　　　字　数：202 千字
版　　次：2014 年 9 月第 1 版　　　印　次：2019 年 4 月第 3 次印刷
定　　价：69.00元

产品编号：057597-02

献给我的小 Amy（天上掉下来的最可爱的"障碍"）和我的灵魂伴侣 Carmen（最杰出的 ScrumMarter）！

推　荐　序

为了体现本书的精神，我也要走一条捷径，直击重点："把这本书买下来！我向你保证，你会发现本书这 30 个捷径中蕴含的智慧对你相当有用。"

然而，经验也告诉我们，要当心捷径。捷径很少行得通。恐怖电影的片头通常都是一群少年在月黑风高的夜晚想走捷径穿过树林。自驾游的驾驶员选择的路线看似捷径，此后 N 年这个错误的决定屡屡被人提及。我们从小接受的教育是"成功没有捷径"，成功来自于持之以恒，苦练本领。

的确，生活中很多捷径都被证明行不通。但这本书里的捷径截然不同，它们的确是捷径。

我在网上初次遇到 Ilan Goldstein 时，是因为我通过搜索引擎得知他正在写 Scrum 捷径的博客。那时，他还没有写很多捷径，但已有的捷径都相当有用，而且还特别有趣。Ilan Goldstein 的幽默感洋溢在他的字里行间。

显而易见，Ilan 的捷径非常有意义并且深受读者欢迎。所以，我问他有没有考虑过写一本关于捷径的书。于是，就有了这本书。Ilan 在书中提供了 30 个捷径（秘诀），涵盖 Scrum 的方方面面，例如 Scrum 实践的启动、需求、估计和计划，也包括质量和度量、团队成员和角色、如何应对老板、持续改进。如果你正在 Scrum 项目中奋斗挣扎，肯定能从 Ilan 这儿找到好的捷径。

Ilan 具有丰富而全面的亲身实践和经验。他的锦囊妙计来自于他作为 ScrumMaster 和认证 Scrum 培训师的切身体会。所有捷径都来源于他的实践，不是学院派的理论，全都是如假包换的实用技巧。而且，我很喜欢 Ilan 的一点是，他总是立场鲜明。太多书都爱咨询师的标准回答："这不一定……"但在这本书，找不到这样含糊其辞的说法。

无论接触 Scrum 一个月、一年或十年，都能从本书中找到帮助你提高的捷径。我衷心祝愿你的 Scrum 之旅一帆风顺。我深信，如果按照本书介绍的捷径，肯定会更快到达成功的彼岸。

——Mike Cohn

Scrum 联盟和 Agile 联盟共同创始人

《Scrum 敏捷软件开发》、《用户故事与敏捷方法》作者

译 者 序

这本书的书名真没打动我们。我们从 2009 年就开始担任精益和敏捷的教练工作，看到了太多的团队和组织因为想抄近道，走捷径，结果反而事倍功半。这个世界上已经有太多所谓的捷径，我们可不想再多一本关于捷径的书。

不过当文老师问到 Evelyn 愿不愿意翻译这本书时，她通读了这本书，并看到了一个让人放心的关键词——"不偷工减料"。

对于很多人来说，敏捷和 Scrum 听起来太容易不过了。然而落实到具体的工作中后，经常看到的却是困惑的目光：如何获得领导层对变革的支持？为什么我的团队"自组织"了，却始终矛盾和冲突不断？如何在开发中保持软件始终高质量，随时可交付？还有，怎样定义一些指标来帮助团队不断改进提高，但同时又不会变成打击士气的工具？一旦开始接触到真正的敏捷实践，你想到和没想到的无数问题就会扑面而来。

如果你有这样的困惑，那这本书将会是你不错的选择。Ilan 就像是一位熟悉的朋友，用幽默生动的语言奉上自己多年来作为敏捷教练的实战体会，介绍他在工作中碰到的情况，以及他的建议，而同时也鼓励你独立思考。

本书共有 10 个章节，30 个捷径贯穿 Scrum 的方方面面，但又相互独立。所以，如果你要开始试水，在一个组织里推广 Scrum，可以先通读本书，从而对推广中要考虑的因素和可能碰到的问题有所准备。也可以将本书作为工具书，当你碰到具体问题时，翻翻目录，或许就能找到合适的锦囊妙计。

当然，Scrum 本身只是一个框架，没有放之四海而皆准的方法。正如 Ilan 自己所说，你不必同意他书中的每一句话，对文中的某些遣词造句及范例我们也略有保留。但还是相信这本书能给你带来启迪，带来帮助。实现敏捷和 Scrum 最大的风险之一就是新的方法很快僵化成为流程教条。敏捷意味着持续学习和改进。所以，如果你试图创造一个蓝图或是预定义的敏捷流程，那么注定会失败！

这本书由 Evelyn Tian 和徐远来合作翻译，两人分工合作，配合默契。

在此，Evelyn 想借机感谢她的儿子，Adam Tian。当和他商量："妈妈已经这么忙了，是否应该翻译这本书？"他回答说："如果你觉得这本书会对很多人有帮助，那你肯定可以找到时间的，我知道你肯定可以的。"是的，Adam，妈妈有你的爱和支持，肯定可以的！

徐远来在此想感谢他的太太邹俪，毫无怨言地承担更多家务；还要感谢女儿徐涵，她经常督促道："爸爸，你的 Scrum 书翻译得怎么样了？"她可能是为数不多的知道 Scrum 这个词的小学生吧！☺

最后，多谢出版社文老师的耐心和专业，对内容及措词提出了宝贵的意见。

我们衷心祝愿这本书可以激励所有读者朋友阅读，学习，实践，分享……，作为敏捷的践行者，学习和改进永远是生活的一部分！这也是我们翻译本书的初衷。

前　　言

"哦，这不整个就是另类呆伯特（Dilbert）嘛？"在听完我对 Scrum 的介绍后，我的一个心理医生朋友如此反应。（哦！不，不，不要误会，我去看他不是因为我在写自己的处女作时我们的第一个孩子让我整夜不得安宁，快要抓狂！）不管怎样，在一阵偷笑之后，我不但意识到朋友把 Scrum 总结得如此简洁优雅，我还为这本书找到了开场白。

Scrum 与其敏捷表亲们一起构成工作流程和文化的下一轮重大演变。包括我在内，很多人甚至认为这可能是在科学管理论（又名"泰勒主义"）出现之后的大飞跃。（顺便八卦一下，你知道亨利•甘特也是泰勒的忠实信徒吗？让人痛苦的甘特图就是这位老兄发明的）。Scrum 抛弃了独裁的、权力至上的、自大的管理方式。人，不再被视为标准流程机器中可以任意替换的零件。Scrum 将工作团队视为有责任心的、忠诚的自由思想者。只要有机会，他们就会以最优的方式提供最有价值的产出。

对我来说，与活力不减当年的、坚持领导变革的 Scrum 早期探索者一起工作，成为变革先驱中的一员，让我觉得很荣幸，非常兴奋和激动。毫无疑问，如果几十年后再回首，这段时间会是公认的工作方式发生剧变的新纪元。

我为什么要写这本书？

我回忆起我和 Martin Kearns（另一个澳大利亚 Scrum 培训师）的对话。他指出，不管喜不喜欢，人们都会读这本书（包括其中的战术、工具和提示），并把它作为一本官方用户手册严格遵循。这一下子击中了我的顾虑：怎样才能超越理论，既向读者提供明确而具体的建议，又不至于太规范。这个问题的答案就是我必须得清楚解释《Scrum 捷径》的目的是分享 Scrum 实现的方式之一，但并不是唯一的方式。你也许会问：实现 Scrum 的方式怎么会有好多种呢？Kenneth Rubin 已经在《Scrum 精髓》中清楚解释了这个问题：

> Scrum 建立在一套屈指可数的核心价值、原则和实践（Scrum 框架）基础之上。使用 Scrum 的组织应当拥抱整个 Scrum 框架。但这并不意味着每个组织的 Scrum 实现都一样。相反，每个组织会由于 Scrum 实现方式的不同而具有独特的 Scrum 框架实现方式。

世界上有很多其他的途径及其战术、工具以及提示同样值得探索。不过我希望自己写在这本书里的内容至少能激发你的思考并为你提供一些已经过尝试和验证的选项。

我之所以写这本书，是因为在我的 Scrum 旅程中我曾经伤痕累累，不是被绊，就是撞墙。说实话，Scrum 实现之路真的非常艰辛！听理论解释的时候，会觉得很有道理。但是，哎呀，真正应用并让它发挥作用，绝对不是一件简单的事情。年复一年，在和形形色色的团队一起工作多年之后，我终于开始看到遍体鳞伤开始有回报。我写了一本《Scrum 捷径》，可以因地制宜地修改和不停更新，这些招术都在不同组织和团队中成功运用过，我知道这些来之不易的知识可以帮助处于相同境遇的其他人走出困境。

回到我和 Martin 的对话，因为他也给我提供了一些有益的建议。我刚升级为奶爸时对育儿一无所知。他问我有没考虑到在任何情况下都得保护好我的小公主 Amy，不要让她摔下来或伤到自己。我的内心说："当然！我绝不会让任何东西伤到我的贴心小棉袄！"但我的理智提醒我，得让我关心的人（有时）自己去摔跤，去学习判断哪些东西有益，哪些东西有害。当然，你肯定总想在一旁安慰他们，为下一次尝试提供一些有帮助的建议。从这个意义上来讲，这本书也是为此而写的，为"下一次"提供有用的建议，以帮助减少前进时的坎坷和伤痛。我猜，你应该已经尝试过 Scrum，所以身上多少都有些老伤疤。无论你的运气如何，这本书都会在你下一轮的的尝试中，从某些程度上保护你。

然而，如果是刚刚开始尝试 Scrum，而且痛恨挫折，欢迎阅读这本书！也许其中的某些建议可以保证你免受伤害……一阵子。记住，每个项目都不同，每个团队也不同，每个组织也不同。所以，如果期望成功应用书中每一页的每一个建议，我建议你趁早调低期望，免得到时候失望。（说实话，放之四海而皆准的方法，有吗？）

最后，如果觉得在推行 Scrum 方面已经得心应手，一切尽在掌握中，我也希望你通过浏览这本书发现一些有用的新工具，进一步充实自己的 Scrum 工具箱。

一些假设

我在书中分享的建议绝大多数来自于我在几个组织担任 ScrumMaster 时收集的一手经验，所以这本书的主要读者是 ScrumMaster。不过，其他角色也能从中获益，比如产品负责人、开发人员和高层利益干系人。即使我那位对软件行业没有一丁点儿兴趣的律师太太，也觉得这本书有用、有趣。所以，尽管放心看吧！

我也假设你对 Scrum 并不是一无所知。我希望你最好读过一些这方面的书或者参加过一些入门级的培训，甚至试用 Scrum 工作有一段时间。如果属于这一类读者，那么，这本书可以帮助你扩充工具箱，帮助你达到 Scrum 的下一个效率和成熟度等级。

如果真的对 Scrum 一无所知，也别怕，因为这本书也包含许多可以拿来即用的内容（或捷径）。不过，我建议你阅读下面三个之一资料或者全部都读一下。

- 《Scrum 核心》（Scrum Alliance，2012）

- 《Scrum 指南》（Schwaber and Sutherland，2011）

- 《Scrum 初步》（Deemer，Benefield，Larman，and Vodde，2010）

至于更全面、更丰富的 Scrum 介绍，我强烈建议你读 Rubin 的新书（Rubin 2012）。

如何使用这本书

这本书不是按顺序写的，所以你也不必从头到尾按顺序读它。虽然本书各章是按照逻辑关系来组织的，但你可以根据兴趣跳到自己最感兴趣的部分，用不着担心连贯性。

书中的每个捷径都尽可能写得通俗易懂。我的目标是即便你"压力山大"，也能读懂这些捷径，并从中吸取精华。亦或者，身处和平时代，在午饭时间排队等微波炉的时候，把它作为一本有益、有趣的休闲读物。

说到午饭时间，还可以把《Scrum 捷径》当作菜谱（如果你恰好还是魔法师，那就是魔法书吧），翻到你看中的捷径，看那些配料是否适合你。如果不行，再冒点儿风险加入自己的调料⋯⋯如果再加上点儿运气，有效解决某个特定 Scrum 挑战的实用方法立即就可以"出锅"啦！

我的目标

这本书并不只是帮助你在工作中推行 Scrum。它还试图帮助你提高 Scrum 团队的效率和成熟度。我写的绝大多数内容既没有包含到任何 Scrum 指南中，也没有被收入典型的 Scrum 培训课程里。它们是在真实世界中经历过枪林弹雨的 Scrum 实践。

我想重申一点：我不期望你一字不漏地套用书中的内容。但我强烈建议在你的持续改进探索之旅中，尝试实践我推荐的战术、工具和提示，调整工作流程，看是否能带来提高。在理想情况下，你不仅能受益于我推荐的工作方法，还能进一步演进，最终教我一两招！

致　　谢

我必须谦卑地承认，我完全低估了将脑海中朦胧的想法变成你此时正在读的书所要花的精力。现在回头看看，我仍然无法相信这些东西最终是怎么成书的！写书需要高度专注，紧跟快进，还有开放的思想，但最重要的是需要帮助。帮助有不同的形式，没有这些帮助，不可能有这本书。很多人为我尽力提供各种帮助，有了这些帮助，才有了今天这本书，我"灰常"感激在这个旅程中向我伸出援手的每一个人。

首先从写作之旅的起点开始，让我先感谢最重要的人 Colin Tan，我的生意搭档，艺术设计师，写作过程中的审校和最好的朋友。最重要的是，他激励我与全世界分享我对 Scrum 的想法，简单地说，没有他，就不会有这本书。我确信，你也会同意他的插图为这本书增加了很多文字所不能表达的、新颖独特的元素。

接下来，我想衷心感谢超人 Mike Cohn。我叫他超人有两个原因。现在，众所周知，他通过几本经典著作和社区活动对 Scrum 世界产生了相当大的正面影响。但很少有人知道他还是举重冠军，可以举起 560 磅！我可没有开玩笑。撇开他的神力不谈，能受邀为 Mike Cohn 签名系列丛书写一本书简直就是我此生几乎无法超越的职业成就。

感谢培生教育出版集团的 Chris Guzikowski，Olivia Basegio 和 Chris Zahn，他们帮助我穿越不熟悉的出版界，在整个过程中耐心回答我的所有疑问。还要感谢 Carol Lallier 和 Elizabeth Ryan，他们做得非常棒，最后将所有东西都完美结合在一起。

还要感谢 Mike Cohn 签名系列丛书的其他作者：Lyssa Adkins，Jurgen Appelo，Lisa Crispin，Janet Gregory，Clinton Keith，Roman

Pichler 和 Kenny Rubin，因为他们不仅欢迎我加入写作团队，还在我动笔很久之前就鼓励我，启发我。我想特别感谢 Kenny Rubin，在他完成自己的巨著《Scrum 精髓》时，我才刚刚开始写这本书，他给我提供了许多有价值的秘诀。

感谢审阅者：我永远感激你们从繁忙的生活中挤出时间，分享你们的观点，提供你们的想法。我要感谢我的老爸 Cecil Goldstein，我打赌你肯定以为检查家庭作业的日子早就过了。不管怎样，你都欣欣然暂时放弃退休生活，而且，你的反馈意见仍然与以前一样有价值。

在这个漫长的写作过程中，还有很多人为我提供反馈意见，在此一并表示感谢：Kevin Austin，Joel Bancroft-Connors，Jeremie Benazra，Charles Bradley，Mario Cueva，Pete Deemer，Ryan Dorrell，Caroline Gordon，Doug Jacobs，Ron Jeffries，Martin Kearns，Joy Kelsey，Richard Kaupins，Arik Kogan，Venkatesh Krishnamurthy，John Madden，Kane Mar，Jens Meydam，Nicholas Muldoon，Bryan O'Donovan，Michael Rembach，Matt Roadnight，Peter Saddington，Lisa Shoop，Craig Smith，Hubert Smits，Michael Stange，Renee Troughton 和 Jason Yip。

感谢 Scrum 和敏捷社区，因为你们共同维护着如此开放和乐于分享的伟大文化。我真心希望这本书能在这个旨在转变工作方式的社区里进一步做出贡献。

最后，感谢我的神奇太太 Carmen。她竭尽所能帮助我应付各种杂事所带来的混乱，让我挤出时间写作，包括紧张得手心冒汗迎接我们的第一个孩子。你真的是一个骨子里很 Scrum 的辣妈！还有我的小公主 Amy，感谢你让我有刚好足够的睡眠，以便有基本连贯的思路来写东西。但最重要的是，你是我最神奇的灵感来源，让世间万物都变得有意义。

作者简介

Ilan Goldstein 是一位拥有十多年实践经验的、热心的敏捷活动家。他是认证的 Scrum 培训师（CST），为全球各地的创新公司、市场领跑者、政府代理以及上市公司提供服务，帮助它们推行 Scrum，提升敏捷度。他经常参加学术分享会，也是大学客座培训师和两个机构的创始人：AxisAgile（业界领先的敏捷培训和咨询服务提供商）Scrum 澳大利亚（致力于在澳新地区推广 Scrum 的全国性非营利组织）。

Ilan 是一位非常专注的 Scrum 实践者，喜欢在不同项目不同环境不同行业中担任 ScrumMaster、开发人员和产品负责人（当然不是同时！）他非常擅长把理论转换为实践，并希望通过这本书以及在全球各地开展的培训与 Scrum 爱好者分享这些知识。

Ilan 获得过很多职业认证，见证着他在无数实践中获得 Scrum 胜利时所积累的奋斗伤痕，其中包括认证的 Scrum 培训师（CST）、认证的 Scrum 专业人员（CSP）、认证的 ScrumMaster（CSM）、认证的 Scrum 产品负责人（CSPO）、项目管理专业人员（PMP）以及敏捷认证从业者（PMI-ACP）。

他和爱妻 Carmen 及女儿 Amy 住在澳大利亚悉尼。他还以志愿者身份在业余时间服务于声誉极高的全球心理健康项目 Compeer 计划。

更多详情，可以访问 www.axisagile.com。也可以通过 Twitter@ilagile 或发送电子邮件 ilan@axisagile.com 和他取得联系。

目 录

第 10 章　更大的经验教训 175

第 1 章

Scrum 起步

踏上未知的旅程，第一步总是令人生畏和充满挑战的。"我们从哪儿开始？""我们如何开始？"最重要的是"我们为什么要开始？"类似的种种疑问通常都会阻碍组织推广新的工作框架（如 Scrum）。

本章介绍的三个捷径用来帮助你和你的组织回答这些棘手的问题，并为起步提供更良好的开端和动力。

捷径 1：一句话推销 Scrum 提供的指导建议，可以帮助你向组织内部未来的参与者推销 Scrum。**捷径 2：脆弱的敏捷**识别出 Scrum 旅程早期需要关注的一些常见误区。**捷径 3：有创意的舒适**讨论如何维护一个合适的环境和文化以培养健康的 Scrum 团队。

捷径 1：一句话推销 Scrum

推销 Scrum 真的不难。我必须承认现在让人认可 Scrum 几乎就像在一个桶里抓鱼一样容易。好吧，或许也不至于那么容易。不过，我认为每个人都不否认 Ken Schwaber（Scrum 之父）的结论"Scrum 看来已经跨越鸿沟，现在已经从激进变为主流"（Schwaber 2011）。这个进展当然使我们这些新生代布道者的日子（比敏捷先驱）好过一些。至少，我们用不着忍受因为借用橄榄球运动的概念来描述软件开发而被视为另类了。

不过，还是让我们看一下在 Scrum 推广之旅中无疑已经被问过无数次的问题："SCRUM 是什么的缩写？"好多人（包括一些所谓的认证 ScrumMaster）全用大写，暗示这是个缩略词。如果碰巧你也这么想，那么当我告诉你 Scrum 不是个缩写词，而是借自英式橄榄球的一个术语(是的，全部都应该小写)时，你可能会大吃一惊。

如果对橄榄球的 Scrum（争球）[①]概念不是很熟悉，就让我来解释一下。几个体重约 250 磅的壮汉队员架着胳膊紧紧组成一个阵形，全力冲向对方区域，尽全力达到得分区。敏捷开发的概念从这个紧密的、自组织的、互相合作的团队精神中诞生了。这个最早的引用来自享有 Scrum 教父之称的竹内弘高和野中郁次郎那篇开创性的论文"新新产品开发游戏"（Takeuchi and Nonaka 1986）。我来自橄榄球的国度，所以自然亲眼见证过橄榄球的 Scrum。有些像斯巴达方阵（参见图 1.1）。如果所有团队成员都严守纪律，团结如一人的话，整个团队将所向无敌。

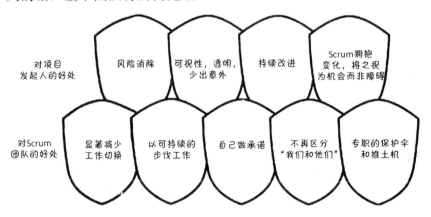

图 1.1　就像斯巴达方阵，如果严守纪律，则坚不可摧

---

①　译注——在英式橄榄球中，出现对阵争球时，双方各出 3 名前锋队员，并肩各站成一横排，面对面躬身互相顶肩，中间形成一条通道，其他前锋队员分别站在后面，后排队员用肩顶住前锋队员的臀部，组成 3、2、3 或 3、4、1 阵形。然后，由犯规队的对方队员在对阵一侧 1 码外，用双手低手将球抛入通道，不得有利于本队。当球抛入通道时，前排的 3 对前锋队员互相抗挤，争相踢球给本方前卫或后卫队员，前卫和后卫队员必须等候前锋将球踢回后，方可移动。

狼人杀手？

让利益干系人信服 Scrum 的非凡功效，这个工作我特别喜欢做！为什么？因为我一说到透明、尽早交付商业价值、减少浪费和消除风险等概念时，如果看见大家两眼放光，我就特别陶醉。此外，在每次提到变化是机会而不再是风险阻碍这样激进的概念时，如果听到大家如释重负的叹息，我还会觉得非常兴奋。

如前所述，我们这些 Scrum 拥趸并不是装备有全能银弹的狼人杀手。事实上，尽管 Scrum 背后的概念简单直观，但真正要成功应用，却并不容易。

Scrum 到底有哪些特性使其成为最受欢迎的敏捷框架呢？这个问题的答案取决于你要说服谁。Scrum 团队（包括 ScrumMaster，产品负责人和开发人员）？还是高级利益相干人（姑且称之为项目发起人）？捷径 1 要从这两类人的关注点入手。

请让我先引用 Scrum 联盟和敏捷联盟创始人之一 Mike Cohn 经常挂在嘴边的一句话：

> Scrum 是一个让我们关注于在最短时间里交付高质量商业价值的敏捷框架。（Cohn 2007）

好，听上去不错！让我们把它变得更有针对性，让前面提到的两类人认识到 Scrum 对他们有哪些具体好处。

Scrum 团队

首先探究一下哪些关键收益使我们向团队推荐 Scrum。这里的 Scrum 团队包括 ScrumMaster、产品负责人和开发人员。

任务切换减少

各位对这样的场景最熟悉不过：某人跑来亲热地拍拍你的肩，要求你去搞定一个"更紧急"的任务。亲，这样的场景在 Scrum 中一去不返了。Scrum 提供了"Sprint 第一"的概念（我个人喜欢称之为"固

定的灵活"）。"Sprint 第一"这个概念有助于开发人员专注于在
Sprint 计划会上承诺的工作内容（参见捷径 8），同时也为产品负
责人修整项目的产品列表提供了灵活性。

可持续的步伐

我不哄你，说什么如果你采用 Scrum 以后，就再也不用加班了。不
过怎么说呢，Scrum 是用一种稳定的、可持续的开发步伐来避免出
现错误不断的、最后一分钟才临时抱佛脚的救火场面。Scrum 批驳
的是传统的一心想证明自己专注和奉献而在晚上和大周末都在加
班的英雄主义。

对此，Rubin（2012）说得很好：

> Scrum 的指导原则之一是团队成员必须以一种可持续的步伐工
> 作。（不可再有死亡行军！）他们通过这样的方式来交付世界
> 级的产品并维护健康快乐的工作环境。

不再有授权的独裁者

不再有独裁的、授权成瘾的项目经理来决定谁做什么及什么时候得
做完。反之，自组织团队的成立是 Scrum 的首要目标之一。团队有
权自行决定工作该如何完成，因为他们才是具体干活的人！

不再有"我们和他们"之分

虽然 Scrum 尊重和赞赏个人的独特性，但个人成就在 Scrum 中被
团队取而代之。不再监督个人的具体绩效，更不用说在不同开发职
能之间的"我们和他们"心态。在 Scrum 里，人人都得全力以赴，
帮助团队完成共同的承诺。

专职的保护伞和推土机

对需要高度专注的开发人员来说，显然是更不愿意应对办公室政
治、工作中的干扰和障碍。还好，有仆人式领导（又称公仆式领导，
服务型领导）这个角色——ScrumMaster（参见捷径 4），开发团

队可以专注于最重要的事——开发最"赞"的软件。ScrumMaster 的职责是保护团队免受外界因素干扰并解决可能影响工作进度的问题。

希望这些东西足以让你说服未来的团队开始尝试 Scrum。

项目发起人

下面来揭示一组与高级项目发起人相关的收益。

减轻风险

如果在传统的软件项目中考虑这个问题，那么在项目最后一天软件成功交付（希望是）之前，风险总是百分之百，交付的价值为百分之零。

长达 18 个月的交付周期被分成瀑布式开发的几个阶段，但不到项目末期，见不到任何有意义的见解或价值，如图 1.2 所示。

通过以增量方式交付可运行且高质量的功能，Scrum 团队会在几周内（或几天内）而不是几个月（或者甚至几年）为客户提供真正的商业价值并通过更快的反馈周期显著减轻风险。

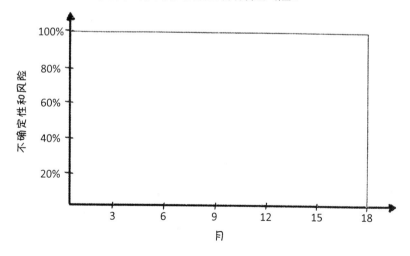

图 1.2　瀑布式开发项目直到项目末期都得承受百分之百的风险

可见、透明和意外状况更少

对项目发起人不具备软件开发背景知识的组织来说，"可见"这个好处特别重要。对这些发起人，开发就是一个可见度为零的黑盒子。然而，Scrum 是将透明性作为核心宗旨之一的经验主义流程。它部分通过易于理解的"信息雷达"（比如任务板，参见捷径 21）来实现，也可以通过邀请每个人做定期 Sprint 评审来达到透明的目的。

持续改进

除了透明性，经验主义流程控制的另外两个支柱是检查和适应。无论是对于开发中的产品，还是对于用来保证持续改进能全面实现的开发流程，这两个元素都至关重要。"检查和适应"是 Scrum 的核心魔咒。

变化是机遇

产品发起人再也不用担心项目中期因为向产品列表添加一个很棒的新点子而触怒他人。参见前面所述的固定灵活概念，项目发起人消除所有顾虑，受邀在项目的任何阶段通过产品负责人向产品列表添加新的内容。

好消息和不是那么好的消息

看，我就说很容易吧！好消息是，我认为这两类人多多少少都会为 Scrum 的好处心动。

不那么好的消息是，虽然 Scrum 不难推，但如何高效实施 Scrum 为自己打的广告撑腰，就是完全不同的故事了。即使已经设法建立了基本的 Scrum 设置，但如果想把团队培养得像"Scrum 法拉利"那样炫酷，而非老掉牙的"Scrum 斑马"或者"夏利"，则需要几样东西：耐心、开放的心态、教训（实践中的伤疤）以及像本书一样方便实用的手册！

捷径 2：脆弱的敏捷

我和新组建的软件团队讲到 Scrum 时，他们对此最让人沮丧的评论之一也许就是："我们有在用 Scrum 啊，你看，我们有 Sprint，我们有每日站会，我们甚至还有产品列表。"而且，虽然他们没有明说，往往还可以加上一句："我们从来不写文档；我们发布软件版本随心所欲；我们做计划也很神速；而且，我们也不在乎代码有错，因为我们会在一个专门的改错迭代中解决它们。"天啊！就是这些人把 Scrum 给毁了，让它背负着"伪敏捷"的恶名。更糟糕的是，在他们的项目最终注定以失败告终的时候，曾经被 Scrum 伪实践坑过的高级项目干系人，很难再相信 Scrum 了。

它是一个框架，而不是一个方法

经常有人说 Scrum 是一个方法，这种说法其实是不正确的。Scrum 是一个实践框架，它有一套清晰定义的游戏规则。方法和框架之间有一些显著的差别。方法预示着一个放之四海而皆准的、格式化的途径；框架则提供更灵活的平台，根据环境的不同，它可以提供一系列不同的途径。

要正确实施 Scrum，很重要的一点是严格遵循事先定义好的规则并在实践框架的指导下开展工作。只要坚持在这个前提下选择途径，就能在正确的方向上前进。就像 Schwaber（施瓦伯）在他的博客上所说："Scrum 就像下国际象棋，要么遵守它的游戏规则，要么不遵守。"借用这个比方，那么，部分实现 Scrum 框架，就好比用 20 个棋子下棋，而不是标准的 32 个棋子。尽管这个游戏在某种形式下还是极有可能玩下去，但事实上这种换为 20 个棋子的改动只是一个替代性的、未经验证的游戏，不该再叫象棋（参见图 1.3）。

Scrum 没有包括多余的规则或实践。因此，要让它发挥作用，不能偷工减料，必须全盘实践。采用 Scrum 时偷工减料打折扣等于完全不用 Scrum。

国际象棋   混乱

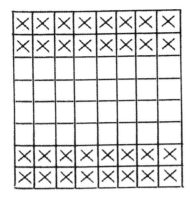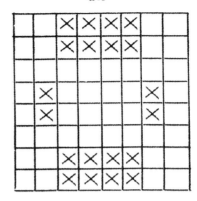

图 1.3　正如不会改变国际象棋的规则一样，也不该改变 Scrum 的规则

资格证书和素质

ScrumMaster 认证当然是有帮助的，但这也取决于具体的个人，认证本身可能并没有太大意义。我记得几年前在我的第一次 ScrumMaster 培训课程中，有一个学员是某银行的项目经理，看上去趾高气扬，自认为是电影《全金属外壳》[①]中对士兵发号施令的中士。我记得当时我就心里犯嘀咕，就算是这门课持续两年，这位老兄也无法理解 Scrum 的神，更成不了一个合格的 ScrumMaster。说到底，ScrumMaster 的素质（参见捷径 4）比证书更为重要。

滥用敏捷宣言

总喜欢曲解 Scrum 的人有时甚至还用敏捷宣言来为自己完全没有文档和计划辩护：

敏捷软件开发宣言

我们一直在实践中探寻更好的软件开发方法，身体力行的同时也帮助他人。由此我们建立了如下价值观：

● 　个体和互动 高于 流程和工具

---

①   *www.imdb.com/title/tt0093058*

- 工作的软件　高于　　详尽的文档
- 客户合作　　高于　　合同谈判
- 响应变化　　高于　　遵循计划

也就是说，尽管右项有其价值，我们更重视左项的价值。(Beck et al. 2001)

每个如此这般滥用敏捷宣言的人，不是（a）没有看到最后一行，就是（b）忘记最后一行，再不就是（c）故意忽略最后一行。

我们要记住非常重要的一点：左边的东西固然重要，但右边的东西也基本上是不可或缺的，即使对它们的需求极其有限（具体情况因项目类型而异）。

几个 Scrum 误用模式

Scrum 被腐蚀或歪曲之后有这样一些典型症状。请注意，不要把它们与新（但是真实的）团队所面临的"成长的烦恼"混为一谈。比如，总做不到准时开始站会虽然并不理想，但如果有合适的动机，这个过程就可以改进，而且并不意味着团队无法到达成功的彼岸。

测试 Sprint

质量保证应该作为开发流程不可分割的一部分。一个需求如果不完全满足"完成标准"（参见捷径 11）所规定的质量要求，就不能认为它做完。但在有些时候，做法会有点儿走样。具体表现是把前面几个 Sprint 称为"功能"Sprint，先一股脑儿批量做完新代码（让人觉得有进展），然后在随后几个"追赶补齐"Sprint 中专注于发现和解决问题。

对于这种行为，最典型的辩解是团队想通过这样的方式验证他们的工作：至少得向用户展示一些最基本的功能。在碰到这种情况时，我会向团队指出，即使他们以 Sprint 方式工作，但并不意味着他们没有偷梁换柱，实际是在搞瀑布式开发。记住，功能没有经过全面测试，是不完整的，不可发布的（因而也毫无用处）、存在高风险的。

这种误用模式的另一种表现形式是程序员和测试员不在同一个 Sprint 中工作。比如，测试员可能比程序员晚一个 Sprint。出现这种情况的基本原因是测试自动化还不成熟，只好严重依赖于手工测试。这种交错的 Sprint 注定会造成前面所说的"追赶补齐"Sprint。

没完没了的 Sprint0

Sprint0 不是真正的 Sprint，而是一个人为的概念，通常用于描述团队在开始真正的 Sprint 之前所做的准备工作。

这些准备工作不一定有时间表，也不需要具备实际 Sprint 的一些要素，比如 Sprint 列表和准备好的需求。

尽管我不太喜欢容易误导人的 Sprint 0 标签，但我对准备阶段这个概念并没有意见。我对 Sprint 0 最大的看法是，有很多不恰当的工作被塞入 Sprint 0，使真正的 Sprint 被推迟开始。如图 1.4 所示，让我们看看哪些应该放入 Sprint 0，哪些不应该。

我们不能仅仅因为图 1.4 中"不包括"部分里的东西看似比具体的功能需求更含糊，就说它们不能被估算、计划和分拆成更小的任务，从而不能放入 Sprint。恰恰相反，我想说明的正是因为这些任务含糊的特性，才使我们更有必要用 Sprint 机制来提供更好的可见度和更严格的控制。

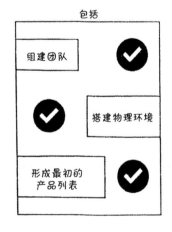

图 1.4　Sprint 0 的任务应该尽可能少

长短不一的 Sprint

规则的 Sprint 持续期很重要,具体原因可以参见捷径 8 的详细描述。

对于 Sprint 长度的波动,我所听到的最常见的理由是挤点儿时间出来完成一些快要完成的需求,好让 Sprint 回顾会有更吸引人的成果。

我认为,只有下面这两种改变 Sprint 长度的理由是合理的:

- 新建团队在成立初期做尝试;

- 在最后一个 Sprint 的最后一天之前,所有工作都做完了,如图 1.5 所示。

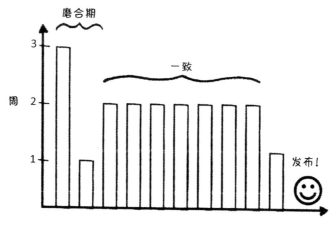

图 1.5　一旦确定,就保持一个恒定的 Sprint 长度

单独估算

在我工作过的非 Scrum 环境中,这种情形很普遍。要求资深开发人员单独分析估算每一个任务需要花多少时间。你也许会问,既然资深开发人员最有资格做估计,为什么还有问题呢?对,这恰恰是问题之一。虽然资深开发人员是团队里最有经验的人,但在大多数情况下,他/她都不会做具体的开发工作。毫无疑问,专家和团队里做具体任务的人是有能力差异的,正因为此,他/她的估算和最终实际需要时间就会有差异。

此外，工作不是某个人的，而是整个团队的；所以团队应以集体身份进行工作估算（参见捷径 14）。如果只有一个人在做估算，就不会有人检查和制衡。如果这个人当天不在状态或听错重要细节而做出错误的假设，怎么办？如果各有所长的团队成员一起做估算，那么信息在经过层层处理和过滤之后，就不太容易出现前面提到的类似过失。

依赖于规范

"如果这个没有被写入规范，就不该做。"或者"我的实现和规范里写的一模一样。"如果出现诸如此类的评论，则可以断定团队已经呈现瀑布式开发的雏形了。这也表明团队成员已经变成彼此间不交流的官僚主义者了。所谓的规范，只是一个信息存放点或提醒而已。实际需求是通过团队同声唱响的美妙音符以及开发出真正能工作的软件来表现的。

找错 ScrumMaster

如果 ScrumMaster 不具备捷径 4 提到的特性，更没有起到捷径 26 应该有的效果，那么十有八九你是被冒牌货骗了。怎么识别冒牌货呢？嗯，如果这个 ScrumMaster 总是自说自话独断专行，做产品和技术相关决定，或直接分配任务，或逼着团队经常加班……简而言之，就像暴君，就说明有问题。

牢记老人言

也许父母曾经给你提过一两次这样的建议："做事情，就是要一次到位。"就像你不会改变象棋的游戏规则一样，也不该改变 Scrum 的规则。要么在 Scrum 框架指导下工作，要么闭嘴别说自己在做 Scrum。

捷径 3：有创意的舒适

下面的对话是不是听起来很熟悉？

ScrumMaster: 各位早上好！

开发者甲： （咕哝了一句）

开发者乙： （难以察觉地点了点头）

开发者丙： （带着耳机，面无表情）

从前，这种典型的例行公事一般的早安问候曾经是我工作经历中最讨厌的事情之一。互道早安，这个最普通的人际交流，总是让我带着气鼓鼓的心情开始一天的工作。为什么？因为前面描述的交流让我觉得是一脚踏进了什么神社圣地，而不是忙忙碌碌的工作场所。

有些人可能觉得，在特别冰冷灰暗的周一早晨兴高采烈地说早安实在有些"装"。我经常听到有人说："拜托！我们是工程师，不是话痨一样的销售。"请告诉我，如果去老友家拜访，你会小声嘟囔着问候他，然后缩在沙发里闷声不响吗？你真的会这么做吗？如果真这么做，你觉得老友会怎么想？我可以想象，肯定相当、相当不爽。

一个微笑，一声真诚的"你好"会使你如沐春风，觉得身处活泼而高效的框架下。一些微不足道的小事，比如早上一句友好的问候，足以影响团队运作和沟通的效果。

这个捷径介绍的建议适用于所有团队环境。但因为 Scrum 团队可能是最强调紧密合作的团队（除非把你的脑袋卡在两个大汗淋漓的队友的上腹部，正如 Scrum 这个词在橄榄球中的本义那样），因此确保团队中每个人都觉得上班这件事儿有动力、有兴致，这样做更重要。

我们大多数人在醒着时都是在工作。和同事在一起的时间超过我们与家人（配偶和孩子们）在一起的时间。看到这里，有些人可能会唏嘘长叹，如果是这样，就更需要继续往后看，因为去上班可不能搞得像进黑煤窑一样。

好消息是可以用一些非常简单（而且便宜）的方法来保持团队成员的满意度。

向个人表示感谢

在听到 Scrum 如何推崇团队文化的种种说法之后，你可能会觉得 Scrum 禁止肯定个人贡献。当然，相对于个人成就，Scrum 更关注团队的成就。但这并不意味着个人被沦为机器上的齿轮。这个事实仍然存在：团队是由个人组成的，个人仍然追求自我价值的实现并期待有人认可自己的勤勉。

我曾经是一个新建团队的 ScrumMaster。这个团队在一个特别关键的项目中表现得非常出色并最终获得全国范围内的公司年度团队奖。能够赢得这项大赛使整个团队打心眼儿里觉得自豪。不过，对我来说有一点很明显。当我挨个儿跑到每个人面前感谢他们个人的杰出工作时，他们显得更激动。Tony Schwartz（托尼·施瓦茨），能量项目公司的总裁兼 CEO，在《哈佛商业评论》的博客上曾经评论过对个人的赞赏为什么很重要：

> 他人发自内心的赞赏会让人备受鼓舞。就算是最简单的赞赏，
> 也使我们有安全感，让我们放手竭尽所能干好本职工作。而且，
> 它还使我们充满活力。相反，当我们感到有风险时（经常如此），
> 会疑虑重重，殚精竭虑，没有精力去创造价值。（Schwartz 2012）

当然，我并不是不建议向团体整体表达感激之情。但正如戴尔·卡耐基在他的著作《人性的弱点》中指出的那样："在日常点滴中，一路上留存感恩的友好小火花"，这一招儿绝对管用。

办公环境

我记得几年前有个邮件展示了谷歌在苏黎世的高大上办公室。对此，许多非软件业的朋友都觉得不可信。在他们看来，这些办公家具和装饰简直极尽奢华之能事，更适合游乐场而非严肃的办公场所。我的一个律师好友哀叹道："他们是真的在那儿工作，还是整天在玩，混日子？"

实际上，我们这个行业正在引领整个企业界摆脱工业时代工厂那样

刻板阴郁的办公室。不像我那位法律界的朋友，很多公司（特别是高科技公司）都意识到在做严肃工作的同时是可以享受个性化办公环境的。

我并不是说现在就得去买五颜六色的懒人沙发、炙热的熔岩灯和滑滑梯来装点办公空间。不过，把办公环境布置得更有家居气息不应该被认为是任性和异想天开，而应该被视为合理的目标。

Scrum 密切依赖高互动的办公环境来推动 Scrum 的开放价值观。我们可以认为下面几个基本环境要求有利于 Scrum 实施。

- 白板和墙面空间足够多，可以容纳各式各样的任务板及对应的物品。

- 采光足够好（不过我也和一两个有吸血鬼情结的奇葩工程师合作过，他们喜欢大白天也整得黑咕隆咚的）。

- 供每个团队使用的一体化桌面空间，只在不同团队之间才有隔断。

- 宽敞的座位空间，可以方便地走来走去。

- 每个团队工作区都有一个供讨论用的小圆桌。

- 旁边有一个配备投影仪和白板的大会议室，用于一系列 Scrum 会议，比如 Sprint 计划会、评审会和回顾会。

- 供团队成员静思的免打扰区——这个区域应该有一张桌子和踱方步的空间。

- 私人区域，可用于打私人电话。

- 与组织中的噪音源（比如典型的每天煲电话的销售和客服部门等）保持一定的距离，免受干扰。

配备利器

给开发人员配备最新、最好的技术，这不应当视为是对他们的额外恩赐。你认为木匠会把一把锋利的凿子视为特权吗？不，他们只会觉得这是他们能够做到术业有专攻的最基本的要求。

有意思的是，根据我的经验，开发人员会把公司提供的最新、最好的装备当作最好的福利。如软件业评论员 Joel Spolsky（周思博）所述：“程序员很容易被最酷、最新潮的东西收买。这比通过支付有竞争力的薪资让他们为你干活便宜得多！”当然，我确定 Joel 的本意不是提倡支付没有竞争力的薪资，他想说明这样的观点：通过提供合适的工具，不仅可以让开发人员开心，还能够提高整体生产率；不要像守财奴一样抱守陈腐的经济观点，为了省几块钱而使用传了好几手的落伍工具。

身份认同

俗话说得好：“物以类聚，人以群分。”我们总愿意自己也是精英团队中的一员。Scrum 意在激发并提高这样的社会动力，尤其要归功于 Scrum 强烈鼓励团队成员坐在一起。一旦达到第一步，就可以建立更紧密的联系。我鼓励（当然不强迫）Scrum 团队像运动队一样，取个队名，选个团队颜色，再用海报、徽标和横幅来装饰工作区。如 Tom Demarco（汤姆·迪马可）和 Timothy Lister（蒂莫西·李斯特）在他们的划时代著作《人件》中指出的那样：

> 成型的团队通常都表现出强烈的身份认同感……团队成员觉得自己属于一个独一无二的团队，觉得他们就是比其他普通团队强。（Demarco and Lister 1999）

我在一家公司导入 Scrum 时，团队最后确定的名称有“喷火”、“雷猫”，甚至还有叫“最棒”的。他们友好地竞争，彼此嘲笑搞砸建构或站会拖堂之类的糗事。我相信，这种健康的竞争提高了生产率，增加了对产品质量的自豪感。

尽管团队认同感至关重要，但团队对产品的投入也很重要。Mike Cohn（迈克·科恩）在《Scrum 敏捷软件开发》中曾经恰如其分地指出：

> 增强活力最好的方法之一就是提高激情。人们对产品越有激情，就越愿意天天专注于做相关的工作。在这方面，产品负责人是关键。产品负责人需要为正在开发的产品传递诱人的愿景，让团队成员热情洋溢地投入到工作中去。（Cohn 2009）

我曾经见过一个激发这种激情和参与感的好方法，即让开发人员加入前期的一些用户故事讨论会，让大家感觉不只是参与了产品的概念设计，还进一步了解了我们要开发什么，为什么要这样做。

开心的人

让我们的工作环境像家一样，甚至比家更好，让人兴奋的主题公园（包括里面的小丑——我的团队中有很多这样的角色），能把我们带回无忧无虑的童年，那个时候，我们最开心，也最有创造力。

我们误认为一些夸张的方法可以激励人们，比如奖金、精美的水印名片上响亮的头衔或谷歌著名的"20%时间"（Wojcicki 2011）。我甚至也不认为丹 Dan Pink（丹·平克）所说"尽在掌握，目标明确，自主决定"有那么重要（当然也有所帮助）。他在《驱动力》一书中说这让人高效、愉悦。相反，早晨一个温暖的问候，工作干得漂亮时同伴之间彼此真诚的鼓励与赞赏，属于某个独特团队的归属感，往往足以让你乐得眉开眼笑。

结语

本章三个捷径所讨论的战术、工具和技能着眼于如何帮助你和组织启动 Scrum。让我们简单回顾一下。

捷径 1：一句话推销 Scrum

- Scrum 的电梯演讲。

- "固定的灵活"这个概念可以减少任务切换所带来的损耗，但仍然可以保持工作内容的弹性。

- 一系列与 Scrum 团队和项目发起人相关的重要好处。

捷径 2：脆弱的敏捷

- 如何区分框架和方法。

- 更关注个人的素质而不是他/她的资历。

- 一些 Scrum 误用模式需要当心。

捷径 3：有创意的舒适

- 想方设法提升团队的士气，关注对团队和个人的赞赏。

- 想方设法改善办公环境，确保协作、高效。

- 针对如何帮助团队建立身份认同感和使命感，提供一些秘诀。

第 2 章

态度和能力

如果看一看典型的分类广告中的招聘广告,就会发现很多组织在定义职位描述时,都过于强调表面上的角色和责任。然而,如果 Scrum 要想成功,就必须采取另一种不同的方式,探寻 Scrum 团队成员必须具备的基本态度和能力。

下面三个捷径可帮助你透过这些新兴角色的表面,真正了解哪些素质可以帮助团队成员出类拔萃。

捷径 4:技艺高超的 ScrumMaster 列出了优秀 ScrumMaster 必须具备的七大关键能力。**捷径 5:摇滚明星还是演播室音乐师**聚焦于团队成员需要秉持的一系列态度。最后,**捷径 6:选择团队阵容**指导你如何最高效地组织 Scrum 团队。

捷径 4:技艺高超的 ScrumMaster

我不相信,就因为一个人听说过 Scrum 规则并依葫芦画瓢实践了一下,你就可以授予他 ScrumMaster 这个头衔。相反,这个头衔只能授予骨子里真正理解这个角色之精髓并能把它带到日常生活中的人。ScrumMaster 应该真正理解公仆式领导的真正含义。Robert Greenleaf(罗伯特·格林里夫),现代公仆式领导(servant leadership,又称仆人式领导或服务式领导)运动的发起人,描述了这个看似矛盾的角色:

它开始于一个人要想得到服务，得先为他人提供服务。然后，潜意识促使这个人产生领导他人的愿望。这个人和先为领导的人截然不同，可能是因为他有不寻常的权力驱动或者获得物质财富的需求。（Greenleaf 2008）

由此而言，仆人式领导在 Scrum 环境下到底意味着什么呢？好，让我们来看看一个真正的 ScrumMaster 要具备哪些态度和能力。

没有权力的领导

对新任 ScrumMaster 来说，最根本的挑战是能够在没有权力收拾他人的情况下却可以领导他人。融入一个团队通常很难；但带领一个团队更困难；没有官方授权而需要带领团队更是难上加难。（参见图 2.1。）

极权统治貌似很容易，但所有被推翻的独裁者都承认这种做法是不可能长期持续的。独裁者即使不尊重其追随者也可以在某段时间通过强制执行取得一些成绩；但这种所谓的领导无论怎样强迫：维持和控制，迟早都会崩溃而重归混乱。这只是个时间问题。真正受人尊敬的领导不需要权力，也不需要强迫。人们愿意追随这样的人，乐于接受这种更巧妙的领导鼓舞和激励。

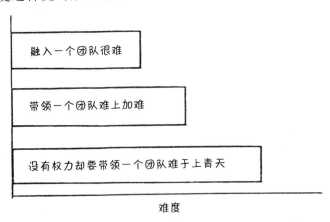

图 2.1　在没有权力的情况下带领团队需要真正的仆人式领导

我相信这种能力是天生的，后天也许很难发展。但如果缺乏这种能力而又想尝试，可以借助于下面几个起步小窍门。

- 丢掉自我意识。

- 真正从骨子里关心团队和产品。

- 公平、始终如一地对待所有团队成员。

- 同时表现出自信和谦逊。

- 随时随地都可以联系到（除了"方便"的时候！）

引入变革，不畏惧

美国第 28 任总统 Woodrow Wilson（伍德罗·威尔逊）说过："如果你想树敌，就尝试改革吧。"（Wilson 1916）。对大多数人来说，变化总是让人心生畏惧。因为变革把他们带出舒适区，拉到一个奇异的新世界。在这个地方，他们现有的状态和技能都受到威胁。提醒热情高涨的新任 ScrumMaster 注意一个问题：导入 Scrum 会使项目团队的整个世界发生变化。即使是建设性的改变，如果操作不当，也会被团队成员消极对待。

加入一个新的 Scrum 团队时，千万不要急于求成，一股脑儿改变所有的东西。要耐心；要观察清楚周围的环境、当前的实践、个人、团队、技术以及组织所处的大环境。安静地观察和倾听，广泛与他人沟通和交谈。即使得到的任务是跳进去全面推广 Scrum，也要预先评估一下相关人士是否都已经做好准备。你只有一次机会给他人留下第一印象，所以如果仓促行动，推动变革就会更加困难。

尽早找到并紧密团结盟友。愿意转变心态并欣欣然拥抱积极变化的人简直是无价之宝，可以帮助你推广和贯彻变革。

准备好之后，慢慢开始，而且一开始时先引入一两个实践（比如 Scrum 每日站会和修整产品列表）。取得一两个虽小但有决定性意义的胜利之后，公开宣传 Scrum 的实效并在此基础上继续积累成功经历。一旦建立起信誉，周围的环境就会越来越有利于你快速推广其他的想法。

有策略，但不玩办公室政治

ScrumMaster 是连接轮辐的枢纽。这些轮辐就是以前各不相连的部门，它们需要完美和谐地连成一个高效率的 Scrum 团队。各部门之间根深蒂固的本位意识往往会造成工程团队和市场团队之间的隔阂（参见图 2.2）。更糟的是，这种本位意识就像是城堡的街垒，把其他"部落"挡在外面。打破这种你我意识需要有专门的策略和技巧。这需要宣扬更大的团队利益以及对完成工作的所有角色保持恰当的尊重。ScrumMaster 不应该靠边站或卷入公司的办公室政治，因为 Scrum 的目的是提高生产率和维护健康的工作环境，如我们所知，搞政治活动与这两个目标是有抵触的。如 Rubin 在其《Scrum 精髓》一书中所说：

> ScrumMaster 要保持所有沟通的透明。和团队成员一起工作时，
> 没有什么不可告人的东西。ScrumMaster 始终要做到言行一致。
> （Rubin 2012）

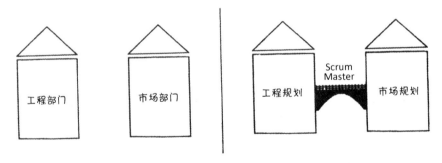

图 2.2　优秀的 ScrumMaster 是连接不同职能部门的桥梁

无私心，但不低估角色的重要性

记得在观看环法自行车赛（每年举办的 2500 英里自行车赛）时，我曾惊叹于精力耗尽阶段的最后冲刺。所有自行车都在加速，在终点前上演着无比混乱的竞争冲刺大战。只剩最后几英里时，同一队

的两个骑手一起奋战。一个选手的位置相对安全，他紧跟在另一个选手的后面。后者则负责想方设法冲出重围，找到出路。把这些困难都搞定之后，他自己身上的最后一丁点儿能量也被榨干了，车速慢了下来。他的队友则轻装上阵，冲向胜利。这个看似无私的角色叫"引出人"，任务是利用战术思考和所有的体力来保护友，并有策略地指引队友走向胜利，而不是考虑自己的荣耀。ScrumMaster也要像引出人一样，团队的需求高于自己的个人利益。当然，无私并不意味我们可以低估这个关键角色的重要性。虽然引出人不会站在领奖台上，但这个角色对团队的成功不可或缺。

保护，但不溺爱

对于 ScrumMaster 这个角色，一个使用最广的隐喻是"牧羊犬"。它引导羊群穿过危险的地形，保护它们不受饿狼的侵扰。我喜欢这个比喻，但我也提出警告："不要做过了头。"优秀的 ScrumMaster会注意不过分保护团队（就像所有一片好心的父母一样）。注意，不要当"直升机父母"，总是悬停在空中不给孩子机会让他们自己动手动脑解决问题。

ScrumMaster 需要判断何时应该帮助团队解决问题，同时又可以判断哪些问题可以放心留给团队去锻炼和提高解决问题的能力，让团队和团队成员个人和专业都能有机会成长。

有技术知识，但不需要成为专家

尽管技术专家可以成为很棒的 ScrumMaster，但我发现，如果ScrumMaster 同时也是技术或领域专家，就会存在以下问题。

- 当某个团队成员碰到问题时，他/她总是忍不住过早插手帮助他们解决问题。

- 在 Sprint 计划会上，有强烈的意愿参与讨论技术/功能细节。这时，ScrumMaster 可能会忽略自己本职的主持人职责。

不固步自封

ScrumMaster 也许能走到这么一个辉煌的日子：看着自己带领的团队，很想说："哇哦，我们真是太棒了！我们实在是好得不能更好了。"不管多么美妙，都要记住一点：永远不可能做到尽善尽美，永远都有进一步提高的空间。而且，团队也会变，自然的摩擦，升职，有时（不幸地）被开除。所以在团队氛围发生变化时，需要做大量的工作和改进。

下一代领导力

真正的 ScrumMaster 属于下一代有见识的专业人士。ScrumMaster 这个角色是深刻和复杂的，不能简单视为诸多运营职能列表上的某一项，所以，透过表面追根溯源并深入理解，对我们来说非常重要。

最后，我恳请组织在挑选未来的 ScrumMaster 时保持开明的心态，因为他可能来自任何背景，只要能成功展示这个捷径所介绍的能力就行。虽然不是每个人都能成为 ScrumMaster，但 ScrumMaster 真的可以是任何人。

捷径 5：摇滚明星或演播室音乐师

如果不会被人发现的话，我真想偷偷地在敏捷宣言里加上这么一行：

态度高于能力

也就是说，尽管能力也有价值，但我们认为态度更重要。

不要误会我的意思，能力当然重要。但如果要在一个态度超级认真的熟练工程师和一个坏脾气的天才工程师之间二选一，我会选择前者。

摇滚明星

在 IT 招聘圈里开始兴起一种试图招聘"摇滚明星"式开发人员的

潮流。我始终难以接受这样的招聘倾向，因为它向市场发出一个混乱的信号。我们想一想：摇滚明星都有哪些特质？我相信你会同意我的观念：摇滚明星通常是有魅力的，有创意，还有个人主义，这些都是不错的品质，对吗？让我们再翻到硬币的另一面，看看有哪些不那么值得赞赏的品质：喜怒无常，爱出风头，傲慢，还有目中无人，狂妄自大。这样的人能在需要紧密合作的 Scrum 团队中如鱼得水吗？我不这么认为。

演播室音乐人

现在，再让我们看看演播室的音乐人。他们乐于站在聚光灯之外，支持主唱歌手创作一张张伟大的专辑。资深音乐人 Bobby Owsinski 在他的《演播室音乐人手册》中写道：

> 演播室音乐师需要有创意，要多才多艺，要有让人敬畏的才能……要和形形色色的人紧密合作，工程师、制作人、艺术家和经纪人（以及你想不到的其他人），这通常意味着你越容易和他人合作，就越容易得到更多与他人合作的机会。（Owsinski 2009）

演播室中的行为做事方式与现场演出不一样。演播室音乐师有一套必须遵守的规矩。可以得出这样的结论：如果喜欢出风头，演播室的工作可能就不适合你。

我的结论：相对于一个摇滚明星团队，我更愿意要一个演播室音乐人团队。

Scrum 的价值观

怎样才能通过挑选演播室音乐人作为团队成员来确保团队不会因为各自强烈的自我意识和持续不断的争吵而分崩离析呢？最好的方法是所有团队成员首先都要拥护 Scrum 的核心价值观，形成其职业特质。图 2.3 列出了这些价值观。

图 2.3　所有 Scrum 团队成员都应该拥抱五大 Scrum
价值观：开放、勇气、尊重、专注、承诺

除了这些价值观，我还要从我的团队成员中寻求以下态度特性：活力、共情、好奇和友善。让我们一起看看具体是什么意思。

活力

我曾经和一些真正非常聪明的开发人员一起工作过，他们为人随和且非常友善。听起来就是我们要的候选人，对吧？但是，这些人都具备《哈利波特》中摄魂怪那样的超能力。他们通过僵尸一样毫无生气的互动，把整个房间的正能量通通吸光，特别是在本应为每天日常工作创造活力的每日站会上。所以，如果有暮气沉沉的团队成员影响到整个团队的士气，看看你能帮他们解决哪些烦心事。

共情

在一个凝聚力强的团队里工作需要耐心和理解。每个团队成员互相依靠，合力达成共同的目标。现实是我们都本能地想找时间歇一歇。轮胎突然漏气，看孩子的保姆来晚了，个人处境难，或者就是因为觉得不舒服，所有这些事情都会影响我们正常的工作。当这些事情不可避免地出现时，团队伙伴需要站出来，临时揽过重担，就像战场上战士用担架将战友抬离战场一样。

好奇

开发团队是跨职能的。正如捷径 6 所介绍的，在理想情况下，团队是由具备"T 型"技能的成员组成的。这样一来，一旦需要，他们就有能力做一些非专业的事情以消除团队技能的瓶颈。这需要团队成员愿意并渴望扩展自己的技能,抓住每一个机会学习不需要进一步钻研成为专家的职能。

友善

我记得自己曾经和一个智商高但不太乐意和人打交道的开发人员一起工作过。有一次,在他极其过分地攻击了一位新任产品负责人之后,我觉得有必要和他好好谈一谈。我们的对话如下:

> **我:** "不管你对他的想法有什么想法,都不要用恶毒的语言轰炸对方,总还有其他沟通方式。"

> **他:** "公司付我钱不是让我来交朋友的,我到这儿来是为了工作。"

> **我:** "嗯,也对也不对,伙计。你到这儿的确是为了工作;但是,公司付你钱是让你在一个高度协作的环境下工作。越友善,你的效率会越高。"

> **他:** (沉默)

我在选择团队成员时,不仅看他是不是有礼貌,我还要看他是不是真诚友善。向朋友求助比向陌生人求助容易得多(更别说与自己不喜欢的人相比)。当然,和朋友一起工作也有趣得多。如 Jurgen Appelo(尤尔根·阿佩罗)在《管理 3.0:培养和提升敏捷领导力》中所说:

> 这不是说你需要成为每个人的密友,这也不可能。但稍微多了解一些他们的生活、他们的家庭、他们的家和他们的爱好(而且让他们也多了解你一些),就是一个非常好的开始。(Appelo 2011)

尊重

尊重是刚才提到的 Scrum 核心价值观之一。我觉得有必要更详细地解释我所理解的尊重,因为不像其他 Scrum 价值观,这个价值观的应用有时比较含糊。

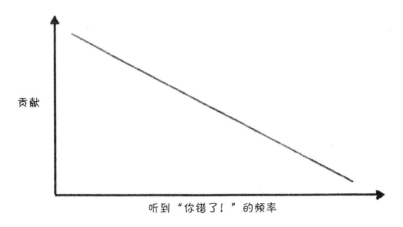

图 2.4　愿意贡献的精力随着所听到的"你错了！"的次数而下降

让我们面对这种情况：人们（即使是非常聪明的人）有时也会犯傻。或许他们误解了一些重要的信息；或没有经过仔细思考就脱口而出。不幸的是，我见过好多次集体讨论活动最后都搞得像奥运会上紧张的柔道比赛。参会者警惕地等着会议室中其他人疏忽犯错，伺机把"对手"批倒在地，极尽吹毛求疵之能事。

敌意是创新区最不受待见的东西。相反，团队成员应该知道即使自己不赞同某个想法或观点，其他成员也会一样地尊重他们。如卡耐基所说："对别人的观点表示尊重。永远不要说'你错了'。"多次听到有人对自己说"你错了"之后，他们的想法（包括好的想法）也会很快枯竭（参见图 2.4）。有很多更好的办法可以表示反对，而且还不会冒犯他人。

音乐时间到

我相信，Scrum 成功的前提是你拥有一个与你一样积极、合作的团队。一群才华横溢但以自我为中心的人是永远不可能像一个坚强而合作的团队一样工作的。

记住，Scrum 针对的是团队，而不是个人。这并不意味着个人不再被视为独一无二和完整的。但是，这意味着团队的目标高于个人的目标。Owsinski 如此说：

每个人在这儿都把自己那部分演奏得尽可能完美。红灯关掉后，尽管就像你在其他任何地方能看到的一样，每个人的个性各不相同，但一旦开始音乐时间，每个人都全神贯注于音乐中。（Owsinski 2009）

请每天派演播室音乐人而不是摇滚明星到我这儿来，谢谢！

捷径 6：选择团队阵容

体育教练会花好几个月甚至几年的时间为一年一度的运动员选拔做分析预测，仔细考虑分析哪些人可以作为替补队员。你不一定总有挑挑拣拣的权力，但就像确定球队阵容一样，在组织 Scrum 团队时，一定要认真对待。特别是在组织里做 Scrum 项目试点时，这一点尤其重要，因为 Scrum 在组织中的未来往往就掌握在这一小队人的手上。

在为 Scrum 团队选拔成员时，一定要考虑到很多因素，包括态度、性格的搭配、技能的搭配、团队的大小、职能专业的配比、共享的资源、工作后勤情况，等等。最重要的是，选择一个团队不只是简单地告别以前等级分明的团队架构和普遍存在的"我们和他们"意识。

人人都是开发人员！

一个成功的、自组织的 Scrum 团队容不下小集团导致的不同职能之间的隔阂。这些隔阂要么基于职能（比如程序员相对于测试人员），要么基于等级（比如技术领导人相对于非领导人）。

Scrum 用于避免这个问题的方法很简单：它对所有的开发团队成员一视同仁，都赋予他们一个共同的头衔"开发人员"。不管是程序员、测试人员、用户体验设计师或技术文件编辑，Scrum 都一律视为开发人员。在哲学层面，我很喜欢这种方式——它通过提供给每个人同样的机会来增强公平性，并且反映出要开发软件，所有的职能角色都要参与进去。（而不是像以前那样由程序员垄断开发人员这个头衔。）

在实践中，这个新的称呼可能有些难以推广。所以我喜欢不一样的表达方式。我向团队解释说就像医学专家，不管是什么专业，他们都是医生。既然医生会专攻神经内科或是儿科，开发人员也会专攻编程或测试。有时为了避免歧义，当谈及某个开发人员，我会特别用"专家"头衔（程序员，测试人员等），尽管如此，我绝对鼓励用含义更广泛的开发人员头衔。

Scrum 团队大小

我要尽量保证这一节简短明了，因为理想的团队规模已成定论。如 Mike Cohn 在《Scrum 敏捷软件开发》中所说："通常一个理想的 Scrum 团队建议控制在 5 到 9 人大小。"我比较倾向于相对少一点的团队，典型人数为 5 到 7 人。

开发团队的人员配备

没有一个放之四海而皆准的规则可以定义开发团队的人员组成，因为每个项目和团队都各不相同。不过，如果你对团队组成毫无头绪，我向你推荐一个我在多个场合都已经成功使用的配比（虽然我强烈建议你根据自己的情况检查和调整）：

3 个程序员：1 个测试人员：0.5 个 "精深专家"

下面几点要注意。

- 在 Scrum 团队中，可能有多个精深专家。我用"精深专家"这个词，是指专注于某一领域的开发人员，比如数据库管理员、用户体验设计师或专门领域的专家。

- 0.5 不意味着我喜欢和小矮人专家一起工作，这意味着开发人员把他的时间分配到两个项目里。我们下面要讨论这个有争议的建议。

- 这个配比基于测试已实现高度自动化的假设，而测试工程师专注于捷径 18 要介绍的职能。

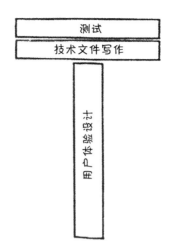

图 2.5　鼓励开发人员一专多能

在这个配备里，我提及精深专家。虽然在 Scrum 团队里有专家不会有任何问题，不过别忘了 Scrum 的原则是尽快完成已开始的任务。为了加快价值流动速度，"齐心协力"的概念很重要。"齐心协力"不是意味着多个开发人员各自处理产品列表里不同的任务，而是尽量减少同时处理的任务个数，鼓励多个开发人员在某一时刻专注于完成尽量少的任务。专家是稀缺资源，可能在关键点上不能及时到位，产生瓶颈。为了解决这样的问题，我建议鼓励开发人员培养 T 型技能（参见图 2.5）。如 Kenneth Rubin 在其著作《Scrum 精髓》所解释的，有 T 型技能的开发人员在某一专业领域（比如用户体验设计）拥有很深的造诣，而在其他较广的领域（比如测试和技术文件编辑）具备不一定很深的技能。拥有 T 型技能的团队成员是"齐心协力"的必要条件。

我使用的是 Mike Cohn 在《Scrum 敏捷软件开发》推荐的方法，帮助团队在正确的方向上前进：

> 在下一个 Sprint 计划会上，大家同意团队里的专家在这个 Sprint 中不去拿他所专长的任务，但他可以给拿这类任务的队友提供建议。（Cohn 2009）

只要有学习能力强的队员，知识分享的速度就很快。也许一开始几个 Sprint 的速度比较慢，但很快就会看到回报。

碎片任务分配

在上一节我提到分配 50% 的专家。这种"碎片任务分配"在 Scrum 圈内并不太普遍，理由也很充分。James Shore 和 Shane Warden 在《敏捷开发的艺术》一书中如此总结：

> 时间被分配到不同项目的开发人员没法和团队紧密工作，他们不能及时了解项目最新情况和解答问题，而且他们还得在不同任务间切换，造成大量隐性的损失。（Shore and Warden 2007）

我完全同意在理想情况下，所有团队成员最好都专心致力于所在团队。话虽如此，我经常发现让一个专家（比如数据库管理员）把所有的时间用在一个团队里既无必要（从需求角度）也不现实（从预算角度）。这并不意味我不同意 Shore 和 Warden 的观点，也不意味着任何时候都不需要全职的专家。但是，这意味着我们得具备大多数需要的技能，因为在很多情况下我们承担不起配备全职专家的豪华阵容。

作为给本书读者的安慰奖，我得指出我虽然不反对把一个开发人员分配到两个项目里，但我坚决不同意把他分到三个甚至四个项目中，这种任务切换非常影响效率。

或许有另外一个选择你愿意考虑，尤其是一个精深专家需要同时做两个以上的项目时。即把这个专家顾问或培训师，辅导其他队员。那么，他就不再是实际 Scrum 团队的成员；多个团队共享这位专家，而他除了协助特定的任务外，还要教导其他开发人员。

一个 ScrumMaster 可以同时和多个团队一起工作吗？

在 Scrum 论坛和用户组中，这样的争论从来没有停止过。在提出我的观点之前，我想先分享一下 Scrum 培训师 Paul Goddard 在 2011 年全球 Scrum 大会（大型的国际 Scrum 研讨会）上提供的统计数据：

- 75%的 ScrumMaster 花在当前团队上（以 ScrumMaster 身份）的时间不到一半；

- 45%的 ScrumMaster 同时支持两个或以上的团队；

- 85%的 ScrumMaster 除了 ScrumMaster 角色，还担负着其他责任。

在 Scrum 圈内，很多人坚持认为，因为 ScrumMaster 角色非常重要，所以"一个团队＝一个 ScrumMaster"。我同意这种说法，捷径 26 也强调了很多结论性的理由来说明 ScrumMaster 为什么应该是全职的。话虽如此，保持开放的头脑还是很重要。拿我来说，我曾经同时做过三个团队的 ScrumMaster。那不是最理想的情况，但是如果假设几个团队都在比较成熟的自组织状态下，这种方式还是行之有效的。让我们来研究一下这种杂耍式的方法。

首先，毫无疑问，一个全新的 Scrum 团队需要一个全职的 ScrumMaster。这个新鲜的团队需要足够的培训、指导、协助以及持续的检查和改进。照看多个全新的团队根本不现实。

如果一个 Scrum 团队越来越成熟，没有系统性的障碍（比如丑陋的办公室政治或类似的问题）并已经走上持续改进的正轨，一个 ScrumMaster 可以同时照顾两个这样的团队。

最后，如果 Scrum 团队已经是自组织的，成熟的精英团队，持续改进也更多是一些微调，一个 ScrumMaster 可以为三个这样的团队服务（参见图 2.6）。

态度比能力重要

态度非常之重要，所以我为此单独准备了一个捷径。我不准备抢我自己的风头，建议阅读一下捷径 5。

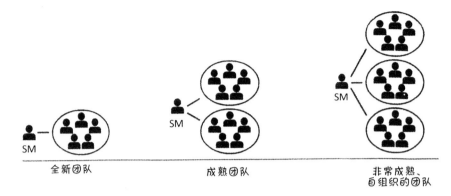

图 2.6　一个 ScrumMaster 可以照看几个团队取决于团队的成熟度

拥抱（不过也要当心）多样性

因为有机会在各大洲广泛深入地旅游和生活，所以我理解和欣赏差异化所带来的好处，特别是对于软件开发团队。软件开发是一个全球标准化的产业，我们大多都曾经工作在看似联合国大会那样的环境中。

由不同文化背景、年龄、经验和专长的队员组成的团队通常比较有趣，而且这样的环境也是孵化创新解决方案的温床。

不过也要当心！在我工作过的好几个团队里，我不得不小心地分拆来自同一地域的小团体。这样的小团体使团队在公共工作区域使用不同的语言（口头语言，不是编程语言）交流。虽然物以类聚、人以群分是天性，但我非常反对 Scrum 团队中的小团体。这会被排斥，更别说由于语言问题还可能造成信息知识丢失。

此外，我还发现，在多样化团队里，团队成员需要当心不合适的玩笑可能造成无意的冒犯。

团队日常规则

《如何构建敏捷项目管理团队》的作者 Lyssa Adkins（丽莎·阿特金斯）建议创建她所称的 "在一起规则" 来处理我们所说的问题。

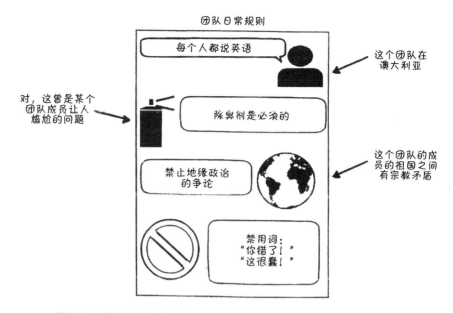

图 2.7　把日常规则贴在显眼的地方有助于提醒成员如何交流

比如，在我曾经工作过的一个团队，我们有一套大家都要遵守的"团队日常规则"（参见图 2.7）。

人人为我，我为人人

我在一个团队中工作时，总是能感到某个时刻我不再是其中一个单独的个体，而是属于一个有凝聚力的、紧密相连的团队。这个"拼图游戏"完成的瞬间有时发生在深入而活跃的讨论中；但也经常发生在每个人都很开心地分享一两个玩笑的时候。此后"火枪手态度"就会自然浮现出来，每个团队成员都觉得大家都在同一条船上，唇齿相依，荣辱与共（Rubin 2012）。

结语

本章三个捷径所讨论的战术、工具和技能着眼于如何帮助你领会高效率团队需要具备的态度和技能。让我们回顾一下。

捷径 4：技艺高超的 ScrumMaster

- 真正的仆人式领导需要具备哪些特质？

- 优秀的 ScrumMaster 需要哪些关键能力？

- 真正的 ScrumMaster 要有哪些态度？

捷径 5：摇滚明星或演播室音乐人

- 摇滚明星式开发人员可能有哪些问题？

- 为什么我们希望开发人员像演播室音乐人一样思考和工作？

- 构成团队专业个性的价值观有哪些？

捷径 6：选择团队阵容

- 推荐的开发团队大小和人员配备？

- 碎片任务分配带来的问题，如果只能如此又怎么办？

- 一个 ScrumMaster 能辅导多个团队时，需要考虑哪些因素？

第 3 章

规划和保护

好，现在组织正望穿秋水，盼着采用 Scrum，也物色好态度和能力都无可挑剔的团队，下面该开始采取行动了。

下面三个捷径不仅可以帮助建立团队，还要提供一些技巧和秘诀使项目始终坚持在正轨上。

捷径 7：搭建 Scrum 舞台提供了一系列建议来确保有一个适当的基础组建成功的 Scrum 团队。**捷径 8：制定 Sprint 计划并全力贯彻执行**针对如何组织一个有效的 Sprint 计划会提出了具体、实用的建议。最后，**捷径 9：受累于障碍**针对如何在 Sprint 执行过程中控制障碍所造成的影响提出了建议。

捷径 7：搭建 Scrum 舞台

Scrum 团队需要有化学反应，就像在科学实验室里一样，如果大型组织能够提供合适的原料和环境，就容易触发成功的化学反应。Mike Cohn 在《Scrum 敏捷软件开发》一书中一语道破天机：

> 要想收获敏捷带来的好处，需要进行广泛的变革。它不只是针对开发人员本身，还对组织的其他部分提出了极高的要求。"
> （Cohn 2009）

让我们看看哪些关键的组织或环境条件需要纳入 Scrum 部署计划
的考虑范围。

团队要稳定

Tom Demarco and Timothy Lister 在《人件》中研究得出一个结论：
"任何组织在寻求筹建紧密的团队时都要遵循一个原则，即保全和
维护成功的团队。"

我会爽快地承认我参与的 Scrum 项目并不是个个都很成功。我可以
简单指出低于预期水平的这些结果主要是因为我作为 Scrum Master
没有能力保证团队整个项目从始至终都在一起工作。如图 3.1 所示，
通常总有更紧急的项目把关键开发人员调走，问题随之而来。除此
之外，还有没完没了的公司重组（看起来全球性经济危机使这样的
重组越来越频繁），保持一个卓越的团队越来越困难。

《人月神话》还对更换队员所带来的损失进行了量化：

一个新团队成员的）启动成本的合理估算约 3 个人月。

（DeMarco and Lister）

这个估计还不包括无形的损失，比如失去动力、士气受影响以及损
失有价值的隐性知识。

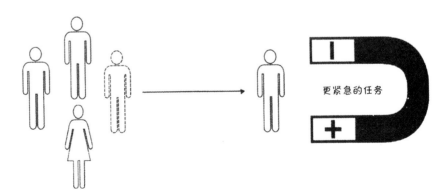

图 3.1 当心"更紧急"项目把团队成员调走

调整办公环境

毫无疑问,在我参与过的 Scrum 项目里,如果我能想方设法把 Scrum 团队从组织的其他部分隔离出来,可能更容易获得成功。

据推测,可能基于以下原因:

> 把项目移出公司办公空间几乎总是有意义的。在一个特设的空间中开展工作能获得更大的活力和更高的成功率。人们需要忍受的噪声、打扰和挫折更少一些。(DeMarco and Lister 1999)

我带过的一个 Scrum 团队在开放式办公空间工作,而且边上就是每天疯狂打电话的销售团队。我也有团队因为受制于公司后勤部门的规章制度,连一张小得可怜的圆桌也不得搬入他们的团队区域。这样的情形数不胜数,但是怎么说呢?底线是办公环境的分隔和环境的独立性是 Scrum 取得成功最基本的"圣杯"。

不论是否可以达到这个终极目标,都应该竭尽全力保证 Scrum 团队能够坐在一起办公。如果团队不能坐在一起,当然也可以用 Scrum,但绝对不是最理想的状况。

坐在一起办公,除了日常运作所体现的显著好处,James Shore and Shaone Warden 在《敏捷开发的艺术》中还给出一个重要的理由:

> 据我所知,坐在一起办公是建立团队共情最有效的方法。每个团队成员都能看到其他人在努力工作。(Shore and Warden 2007)

捷径 3 分享了更多细节,解释如何把其他关键因素整合到办公环境以保证办公环境有利于推广 Scrum。

估算不是保证书

这个恼人的场景是不是很熟悉?项目发起人随意走到某团队成员身边,问功能 XYZ 多久能做出来。这个团队成员取下耳机,放下手中的工作,喵一眼需求,为了让发起人满意,给出了一个差不多的估算。没想到最后发现估算不准确。项目发起人向整个团队施压，要求他们按照"承诺"交付功能。见鬼去吧！如果坚守承诺意味着你参加不了孩子的年终音乐会，就说明这就是坚守承诺的代价。

注意，估算不是一纸保证书。如果是的话，就用不着"估算"这个词了。估算只是基于当时已有信息所做的预测。项目发起人一定要在项目启动之前清楚理解这个定义。

互惠性的工作

《领导精益软件开发》一书的作者 Mary 和 Tom Poppendieck 夫妇提出两种公司概念——报酬性公司和互惠性公司：

> 在报酬性公司工作的人与公司约定："我每天为了工作而来公司，而公司为我的时间支付工资。如果需要我付出更多，就得支付更多报酬。"而另一方面，在互惠性公司工作的人则有这样的认同："你怎么对我，我也怎么对你。我希望公平的报酬。如果想要我的关心和承诺，就得向我展示你的关心和承诺并帮助我发展充分发挥自己的潜能。"（Poppendieck and Poppendieck 2009）

优秀的 Scrum 团队总少不了愿意关心和承担义务及承诺的个人。所以很自然，相较于报酬性公司，互惠性公司更容易借助于 Scrum 取得成功，尤其是从长远来看。

支持可持续的开发

捷径 1 提到，Scrum 的指导原则之一是团队成员应该以可持续的步伐开展工作。

Roman Pichler 在《Scrum 敏捷产品管理》一书中指出：

> 开发产品就像是跑马拉松。如果想最终到达终点，必须选取稳定的步伐。许多产品负责人都错误地强迫团队超额承担更多工作。（Pichler 2010）

任何组织如果还继续保持加班加点到深夜的殉道文化，不仅尊重甚至还奖励荒唐的加班，它的文化就有悖于 Scrum 的原则之一（某种程度上也有悖于敏捷开发框架的其他所有原则）。如 Kent Beck 在《极限编程解析》中所述，加班应该是特例，而不是规定，因为这是"项目出了严重问题的征兆"，而不是业务的常态。

运行试点项目

尽管采取"大爆炸"方式在组织中全面推行 Scrum 有一些优势，但我还是不推荐这种方式。相反，我是推行试点项目的忠实拥护者。即使业务上亟需大规模推广，我还是推荐先搞试点项目。既然不需要验证或需要大家认同，为什么还要额外花这闲工夫呢？ Mike Cohn 在《Scrum 敏捷软件开发》中给出了充足的理由：

> 试点项目能为后续项目提供指南针，它尝试了一些新的东西……，从整个行业来说，我们已经证明 Scrum 是行之有效的；但对于某个组织来说，还要学习如何使 Scrum 落地并取得成效。（Cohn 2009）

我在组织中大范围内推广 Scrum 时，总是先运行试点项目。事实上，如果没有试点项目放手让我干，我都不能确定你今天是不是还能看到这本书！

选一个低价值进而低风险的项目来搞试点，也许有吸引力。但这种投入并不划算。《敏捷开发的艺术》强调了这一点：

> 避免选择低价值的项目作为"学习机会"，因为这样做很难使客户参与并取得组织层面的成功。即使项目本身是成功的，组织上仍然可能认为项目是失败的。（Shore and Warden 2007）

至于前面提到的团队稳定性问题以及我所经历的不那么成功的项目，我不能保证团队稳定就是因为我的试点项目都没有比较高的优先级和价值。当试点项目和"更重要的"项目争夺支持或共享人力资源时，不难想象落败的是谁。

试点项目需要持续多久？如果已经仔细读过这个小节，就会得出一个结论：它应该和其他重要项目一样。如 Roman Pichler 在《Scrum 敏捷产品管理》一书中所述：

> Scrum 并没有规定一个项目需要持续多久。不过呢，敏捷项目通常都不会超过三到六个月。（Pichler 2010）

务实的期望

变革是需要时间的，而且在变革过程中，我们经常得退一进二。推广 Scrum 需要组织上大幅度调整观念，只有这样，才能打破根深蒂固的成见与陋习。这样的成就肯定不可能一蹴而就。

开发人员习惯跨职能团队是需要时间的，消除老式的命令和控制态度也需要时间。基于这个前提，组织不应天真地期待 Scrum 能带来立竿见影的神奇功效。耐心、培育是它的特点，全力支持 Scrum 的组织肯定能在不久的将来看到自己的投资回报。

捷径 8：制定 Sprint 计划并全力贯彻执行

作为"健康组织的化学反应策略"中的元素之一，《人件》建议提供"很多皆大欢喜的收尾。"我完全认同他们的建议，还建议另外补充一个元素："提供全新的开始"。我们很幸运，Sprint 时限本身就提供结束和全新的开始，在这个捷径中，我们要研究为大家提供定期全新开始的活动：Sprint 计划会。

通过一起设定 Sprint 时长的目标，团队可以重新开始，用不着像在跑步机上那样无休止地原地跑。此外，如果没有这种事先计划好的定期会议，就得花大力气召集大家中断手上的工作，举行这样的临时性计划会。

细化产品列表

我建议在团队开会之前先初步细化产品列表。首先，确保产品负责人（在相关的协助下）不仅确定下个 Sprint 最重要的需求，还能加上足够的细节来确保开发人员可以开工。这也许意味着添加更详细的验收标准，如果适用的话也可以是线框图或是模型（参见捷径11）。此外，如果产品负责人事先能和测试专家合作开发一组粗略的测试用例（基于验收标准）来全面描述功能的内在要求，也是很有帮助的。

目标明确

我们大多数人都愿意有行动目标，所以制定一个贯穿于整个 Sprint 的共同目标肯定是有帮助的。焦点目标通常和当前 Sprint 的主题相对应。比如，当前 Sprint 的目标是"增强消息传递引擎"，这并不表示当前 Sprint 不能做其他任何任务，但这清楚表明大部分工作都应该以消息传递引擎为中心。Sprint 目标还有助于确保每个人都专注于主题，而不是神不知鬼不觉地偏离主题。

Sprint 应该多长？

过去，推荐的 Sprint 时长是 30 天，不多也不少。现在已经更加灵活，大家都同意 Sprint 长度应该因团队而异。如果采访 Scrum 团队，会发现绝大多数团队将 Sprint 长度定在一周到四周之间。这几个 Sprint 长度我都试过，个人观点是一周太短，而四周又太长，两三周还差不多。对于新项目，我一般根据下面两个因素来决定 Sprint 长度。

- **团队的偏好**：有些人喜欢长一些的 Sprint，这样有助于保持冲劲；有些人则喜欢短一些的 Sprint，这样一来，计划不至于复杂。

- **需求的易变性**：如果由于产品的特点或市场情况而要求产品负责人经常性地修改需求，那我绝对建议采用短一些的 Sprint（参见图 3.2）。

有一点很重要：一旦确定 Sprint 长度（也许前期需要先尝试），就不能随意修改。这样可以避免偶发的 Sprint 长度，具体出于以下几点考虑。

● 简单的规划会

● 不稳定的领域　　　　　　　　取得更大的冲劲 ●

短期冲刺　　　　　　　　　　　　　　　　　长期冲刺

图 3.2　考虑 Sprint 长度时需要考虑的因素

● 对于团队来说，有规律的节奏感可以帮助他们了解自己的速度。

● 速度度量（参见捷径 13）依赖于恒定不变的 Sprint 长度；否则，统计出来的数值不仅没有意义，而且难以计算。

● 如果改变 Sprint 周期，Sprint 评审、回顾和计划会都将落入在每周的不同天上。这样不规律的安排很不利于安排会议，特别是还得与其他部门分享会议室时。

容量规划

团队在正式开始 Sprint 计划会之前，需要先确定自己在当前 Sprint 的容量。首先，不是每个人在每个 Sprint 都能贡献自己的全部时间。有些成员需要跨多个项目工作——当然不是理想情况，但很可能发生（参见捷径 6）。如果是这样，就得确保这些开发人员不会被超额分配。而且，别忘了还有公休日、培训和年假。

其次，不要想当然地认为如果一个开发人员全职分配到当前 Sprint，就可以把他所有工作时间花在与此相关的任务上。

比如，在我上一个团队中（用两周 Sprint），一个全职开发人员一个 Sprint 的典型容量是 9 天*6 小时/天 ＝ 54 小时。

首先，我们用 9 天是因为有 1 天的等价时长被用于 Sprint 计划会、评审会和回顾会。每天 6 小时，是因为我们发现在一个 8 小时工作日里开发人员通常只能花 6 小时做与当前 Sprint 相关的任务。其他时间所做的事情和当前 Sprint 无关，比如细化产品列表（为下一个 Sprint 做准备）或作为组织成员普遍要做的任务（比如回邮件，帮助 Scrum 团队以外的人）。不过也要注意，推荐的每天容量也取决于团队和环境。所以，每天 6 小时不能作为一个统一的标准。我建议用 Sprint 干扰历史统计值（参见捷径 19）来帮助确定团队的 Sprint 预估容量。

现在来看一看 Sprint 计划会的实际流程。我喜欢把它分成两步。

第一步：做什么？

首先，产品负责人逐条介绍产品列表里哪些条目的优先级最高并期望能在这个 Sprint 完成，团队可以现场提出具体问题。我建议用团队速率（参见捷径 13）作为一个粗略的指导，让产品负责人知道需要为计划会准备多少个 PBI。

第二步：怎么做？

接下来，轮到开发团队把 PBI 逐个分解成更细的技术任务并针对每个任务估计一个最接近的完成时间。虽然以小时计的估计值有时也不够精确，但足以帮助团队权衡决策，而且团队还可以对 Sprint 结束时能交付哪些内容心中有数。对此，Mike Cohn 在《用户故事与敏捷方法》一书中做出了进一步的解释：

> 任务需要多少小时完成，这本身并不是我们的目的，但分析需要多长时间可以确保我们分析讨论了这些任务（特别是实现这些任务所需要的技术和产品设计），以便我们在开始一个新的 Sprint 时，能有好心情，觉得自己能够完成所有工作。（Cohn 2007）

我们不需要产品负责人在进行第二步时一直干坐在一旁（除非他们特别想这样干）。话虽如此，尽管产品负责人不一定得待在会议室，但我总是保证如果需要澄清，他们总能做到随叫随到。事到临头却找不到产品负责人，显然最拖延 Sprint 计划会！

尽管我喜欢用基于团队速率的计划来作为第一步行动指南，但我也愿意用另一种方法来确定 Sprint 列表里能放多少个具体的任务，一般称之为"基于承诺的计划"。开发团队在做基于承诺的计划时，需要遵循以下典型步骤。

1. 从最高优先级的 PBI 开始。

2. 将每个 PBI 拆分为任务并估计完成需要多少小时。

3. 识别任务之间的依赖性。

4. 重复这个循环，直到团队在当前 Sprint 的容量被填满。

5. 如果基于速率（来自于第一步）得出的结论与基于承诺的计划所得到的结果之间不符，就得叫回产品负责人（如果他已离开的话），要求更多的 PBI（如果还有富余容量的话）或向他解释能做的条目为什么少于最初的预期（如果容量被过早填满的话）。

任务定义

我通常的做法是确保任务满足以下几个条件。

- 一个任务应该是某个 PBI（参见捷径 10）中可测试的一小块，而且要包括满足任务"完成标准"（DOD，参见捷径 11）所需要的所有活动。

- 每个任务所需时间不能长于 8 小时（虽然越短越好）。

- 虽然多个开发人员可以同时做一个 PBI，但一个任务只能由一个开发人员（或两个开发人员结对）完成，如图 3.3 所示。

- 别忘了为 Sprint 评审准备（参见捷径 22）的任务，比如可能需要准备演示数据。

现在，拟好 Sprint 列表，包括任务以及对应的时间估计。任务的初始估计可以作为这个 Sprint 的初始剩余时间，然后每天计算剩余时间并在燃尽图（参见捷径 19）上跟踪。每天下班回家之前，开发团队的每个人都要调整自己所做任务的剩余时间，确保 Sprint 燃尽图上的数据是最新的。

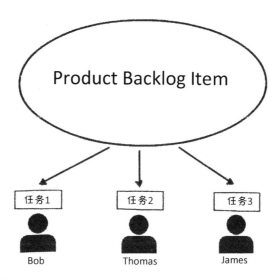

图 3.3　尽管多个开发人员可以同时做一个 PBI 上，但一个任务只能由一个
开发人员完成

需求适量

在理想情况下，Sprint 计划会结束后，哪些 PBI 预计能在当前 Sprint
内实现，大家都能心中有数了。偶尔也会发现团队还剩一点容量但
又不足以完成一个完整的新 PBI。没关系，团队可以着手准备下一
优先级的需求，不过不用指望在 Sprint 结束时做完。相对于挑选一
个足够小的 PBI（可能它在产品列表里的优先级较低）正好填满剩
余的容量，我更倾向于这种做法，因为我认为集中精力做业务价值
最高的条目更重要。

7P 格言

如英国军队的 7P 格言所说："适当的计划和准备可以防止糟糕的
表现（Proper Planning and Preparation Prevents Piss-Poor Performance）"，
所以一个周全的 Sprint 计划会有助于得出比较准确的预测。

Sprint 的进展不会总是和计划一样，毫无疑问，有时需要做一些调
整。但如果 Sprint 计划会开得好，每个人都会更好地认识团队的共

同目标，这样的信息可以让我们更容易协调和统一期望值。

捷径 9：受累于障碍

Scrum 部队已经训练有素，并且跃跃欲试，为他们的第一个使命做足准备。团队打足气，项目也开动起来。万事如意！Scrum 站会每天都在开，持续集成服务器运转正常，任务在 Scrum 板上有序移动，总之生活甜蜜而美好。然而，莫名其妙的事情发生了，子弹开始横飞，地雷突然爆炸，部队被阻住前进的道路上。此时，ScrumMaster 该挺身而出了。

好吧，在现实中也许没有敌人真的开火阻碍团队前进的脚步。相反，障碍可能是一个老是失败的软件构建、一个喜欢指手画脚的项目发起人或某个关键团队成员被抽走。底线是任何事情只要阻碍团队的进展，ScrumMaster 就得第一时间着手解决。

定义障碍

让我们先从障碍的定义开始。下面是我选择使用的定义：

> 任何阻碍开发人员完成他在 Sprint 容量内所认领任务的事情。

让我们回顾一下捷径 8，为一个全职开发人员（每天工作 8 小时）每天分配 8 小时的容量是不明智的。你可能会问为什么？！因为你必须面对现实：人们没有办法把自己的每分每秒工作时间都用在 Sprint 任务上。我们必须考虑到各式各样的临时会议、其他一些需要更多协调工作的时间、计划外的公司活动以及重要的保持头脑清醒的休息，这样的事情数不胜数。不要误会，在某些工作日，一些团队成员能专注完成他们的 Sprint 任务，贡献出 8 小时甚至更高的容量。然而，有时又由于持续的打扰，他们甚至用个把小时来做 Sprint 工作也不能保证。

形形色色的障碍

障碍的种类繁多，大小更是不同。下面只是一小部分要警惕的障碍

（运营性的和系统性的）。

- **大型会议**：Scrum 项目实在不需要这种来自外部的、冗长的会议。所以如果这些会议冒出来，通常都是由其他业务或意外触发的。

- **病假**：俗话说，病来如山倒。谁都无能为力。不过我强烈建议避免"带病出勤，坚持不下火线"的企业文化。这样的期望其实很愚蠢。工作质量下降了；病菌在 Scrum 团队的工作区域迅速传染，最后影响到所有人。

- **不成功的构建**：没有成功的构建（参见捷径 18），开发是没法继续的。如果构建失败，恢复构建就一定是每个团队成员的首要任务。

- **开发工具问题**：不论是硬件故障，软件问题，还是网络连接问题，所有与工作环境相关的问题都会严重妨碍进度并引发极大的挫折感。

- **不可靠的供应商**：这可能是最让人沮丧的障碍之一，因为 ScrumMaster 和团队无法控制不堪重负的供应商。缺乏有效支持的构件或插件可能变成吞噬 Sprint 时间的黑洞。

- **产品列表未细化**：在产品负责人确切知道哪些需求应该放入 Sprint 列表之前，不应该开始当前的 Sprint。具体而言，这些需求应该包括足够多的细节，以便开发团队能够全身心投入。如果这些需求没有准备好，当前 Sprint 根本无法顺利开始（参见捷径 11）。

- **产品负责人缺席或没有权限做重要决定**：在整个 Sprint 中，产品负责人应该随时可以联系并且可以在现场解答 Sprint 列表的具体问题。如果他经常不在或者老是做不了主，得再请他人批准，开发团队可能就会因为不确定性而人心涣散。

- **关注个人的激励方案**：很多组织保持着完全基于个人绩效

的考核制度（以及对应的激励方案）。希望你已经完全接受 Scrum 团队里的"忘我"原则。除非绩效考核也在很大程度上关注团队协作，否则组织会为团队成员传递矛盾的信息。

五步控制障碍

我想介绍下面这个五步控制障碍方法（ConTROL）：确认（Confirm），诊断（Triage），去除（Remove），告知（Outline），学习（Learn）。

- **确认**：显然，我们有必要确认障碍到底是什么。通常，我们会在每日站会上提出都遇到了什么障碍，但紧急障碍应该立刻提出而不是等留到站会上说。Sprint 回顾会可以用来发现 Sprint 中溜过的障碍。所有的障碍都应该跟踪，直至解决为止。

- **诊断**：如果同时受累于多个障碍的轰炸，那么除非超人（迷恋超级英雄并不能自然而然地让你也有他们那样的超能力），否则只能同时解决一两个问题。根据影响的大小和问题的紧迫性来判断从哪里入手。

- **去除**：在理想情况下，Scrum 团队可以排除所有拦路虎。但常见的情形是，理想很丰满，现实很骨感。为了避免项目延期，还必须知道择机寻求其他团队的帮助及时回到正轨，这一点也很重要。

- **告知**：在遇到障碍时，得让 Scrum 团队和干系人知情。特别在项目必须选择撤退方案时，尽量先给产品负责人（和项目发起人）打个预防针，不要让他们觉得很突然，让他们能有足够的时间消除可能带来的一系列负面影响。

- **学习**：Sprint 回顾（参见捷径 23）是分析和研究障碍的主要站场。从问题中吸取经验教训，避免再犯错，掌握解决之道，这样一来，即使问题复现，也不会有太严重的影响。

阻碍与障碍的比较

许多团队把"阻碍（block）"和"障碍（impediment）"这两个词交替使用。但我喜欢严格区分这两个词（参见图 3.4）。我把阻碍某个具体任务但不一定会延缓整个项目进度的叫"阻碍"，把延缓整个团队 Sprint 进展的叫"障碍"。

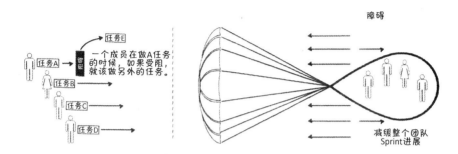

图 3.4　阻碍只影响一个任务，障碍则像降落伞，延缓整个进度

典型的阻碍是一个有依赖关系的任务因为某些原因而停了下来。短暂、临时的阻碍是比较合理，也很普遍，所以不必特别当心，因为在解决依赖关系问题的同时，多半都有其他工作可以做。重要的是不管阻碍有多么暂时，都要清楚标识出所有受阻的任务。我喜欢的方法很简单，即把任务板上受阻任务所对应的便利贴转 45 度，像颗钻石一样在任务板上，很醒目。这样的信号很清楚，可以让你立刻转入侦查模式，确认尽快解决阻碍。

理解境遇

很多人可能和我一样，在回顾一个项目经历过的所有障碍时，往往会被吓一跳。通常，只有在反省记录的障碍列表时，你才会真正感激 Scrum 部队所经历的种种艰辛。

如果团队项目不断延期并开始影响到发布时间，而你又想保护团队不要因此而被公司痛批，那么这个障碍列表对你来说就非常宝贵。如果在障碍刚刚开始抬头的时候就小心控制（ConTROL），基本上不至于出现这样糟糕的情况。

结语

本章三个捷径所讨论的战术、工具和技能着眼于如何组建团队并引领团队进入正轨。让我们回顾一下。

捷径 7：搭建 Scrum 舞台

- 团队成员尽量坐在一起的重要性。

- 哪些文化变革可以确保 Scrum 苗壮成长。

- 如何运行试点项目？为什么它有利于 Scrum 的长期部署？

捷径 8：制定 Sprint 计划并全力贯彻执行

- 选择 Sprint 长度和目标时需要考虑的因素。

- 如何确定一个 Sprint 实际的容量？

- 如何组织 Sprint 计划会？

捷径 9：受累于障碍

- 障碍和阻碍的定义。

- 需要当心哪些种类的障碍。

- 如何控制（ConTROL）障碍列表？

第 4 章

需求的细化

谢天谢地，我们现在再也用不着像以前巫师盯着水晶球一样确定提前制定的"规格说明"。尽管如此，需求的沟通和验证仍然困难重重。

这一章介绍的三个捷径用于指导团队生成并跟踪需求以及相关的完成标准（DoD）。

捷径 10：结构化故事指导团队如何将当前 Sprint 准备实现的需求拆分为可执行的任务。**捷径 11：制定完成标准**旨在为 Scrum 团队创建和演进 DoD 提供思路。最后，**捷径 12：渐进启示**关注如何通过演练来消除浪费。

捷径 10：结构化故事

虽然 Scrum 没有规定把用户需求转化为为 PBI 时应该用什么格式，但我觉得大家都赞成：Mike Cohn 在其经典著作《用户故事与敏捷方法》中普及的用户故事格式已经成为事实上的标准。

我冒险猜一下，我们这本书的每个读者都看过《用户故事与敏捷方法》，而且／或者用过下面这个耳熟能详的格式：

> 作为一个……我想……这样我就可以……（Cohn 2004）

我这里介绍捷径不是想重新讨论用户故事的好处，讨论如何将大的用户故事分解成较小的故事——这些话题已经在《用户故事与敏捷方法》一书中进行了完美阐述，如果你还没有看过，建议你好好读一读那本书。而我呢，则想挖得深一些，讨论用户故事较少触及的方面，比如故事和任务的关系，谈谈如何处理技术故事。

分解

除了典型的、可直接用于 Sprint 的用户故事（参见捷径 11），还有两种常用于描述需求的构件：篇章故事（epic）和任务（task）。

请允许我从大的开始说起，《Scrum 敏捷软件开发》把篇章故事描述为"需要超过一两个 Sprint 进行开发和测试的用户故事。"刚开始制定产品列表时，大多数需求自然更接近于篇章故事。记住，在 Scrum 中，需求是逐步涌现出来的，没有必要在一开始就把所有需求都分解为详细的用户故事——只需要保证产品列表里有够做一两个 Sprint 的（自然是优先级最高的）条目是详细的用户故事。

至于如何将篇章故事分解为适合在一个 Sprint 内完成的用户故事（我们的下一个层面），我还是建议你好好读一读《用户故事与敏捷方法》这本书，你可以看到一系列划分方式，包括根据子活动、根据子角色、数据界限以及操作界限等。

任务构成第三层，也是最详细的一层，一旦识别和确定下来（希望通过我们下一节推荐的一些建议），团队就可以开始构建伟大的软件了！

任务切片和切割

SBI（Sprint 列表 item）制定出可操作的、适合在一个 Sprint 内完成的用户故事还只是挑战的一部分。接下来的是在 Sprint 计划会（参见捷径 8）上把这些优先级最高的故事变为 Sprint 列表。

通常，Sprint 列表不仅包括这些用户故事，还包括它们的衍生物（在 Sprint 计划会上生成的），也通常称为"任务"。这些具体而详细的故事是开发团队成员在整个 Sprint 中的工作对象，通常在任务板

（参见捷径 21）上用五颜六色的便利贴来跟踪。我建议任务大小在 2 到 8 小时之间。超过 8 小时的任务就比较缺乏灵活性了。

如果说把篇章故事切成用户故事是一种艺术，那么把用户故事再切割成具体的任务就太需要日式生鱼片料理大厨的天赋了！

我常见的划分方式（我以前自己也用过）像下面这样：

用户故事

"作为一个新的用户，我希望登录到 XYZ 网站，这样我就可以享受它超酷的服务了。"

任务 1：设计端到端功能测试案例

任务 2：生成测试数据

任务 3：开发数据库层

任务 4：开发业务逻辑层

任务 5：开发用户交互层

任务 6：开发端到端功能型自动测试案例

我知道这种拆分看上去符合逻辑，而且简单易懂，而且它也挺好用的。但是你知道我觉得它像什么吗？你猜对了！迷你型的瀑布式开发！虽然不像更可怕的产品级瀑布式开发那么危险，但这种迷你型瀑布同样让我们头疼，只不过程度低一些。仔细看一下任务 3，4 和 5，产品负责人会发现所有三个任务全部完成之后他才有机会验证需求是否得到满足。从用户功能方面来说，让产品负责人检查数据库架构的变化及相关的存储顺序（任务 3）不一定可以保证开发方向的正确。

与此相反，为什么不在任务层面上也使用广泛应用于故事层面的纵向切片法呢？这样一来，可能几小时后就可以验证我们的工作，这该有多酷啊？

让我们看一看把故事分成任务可以使用的纵向切片法：

用户故事

"作为一个新的用户，我希望登录到 XYZ 网站这样我就可以享受它超酷的服务了。"

任务 1：开发用户名/密码功能（包括测试设计和自动化）

任务 2：开发电子邮件鉴权功能（包括测试设计和自动化）

任务 3：开发登陆页功能（包括测试设计和自动化）

这里，我是把故事分成一些封装好的最终用户功能，每个包括一小块数据库工作、业务逻辑和用户界面实现。最棒的是迷你型瀑布变成安全的小溪流，反馈周期从按天算变为按小时算！

读到这儿，我相信肯定有人会想："等一等！如果把这个故事切成更小的功能，为什么不把这些功能叫作单独的故事而当作任务呢？"嗯，好问题！不过还好，我已经准备好几个答案。首先，记住 Cohn 的建议："关键是故事要对用户有价值。"参考前面的例子，虽然登录网站肯定有用户价值，但一个单独的电子邮件身份验证就不一定有价值。

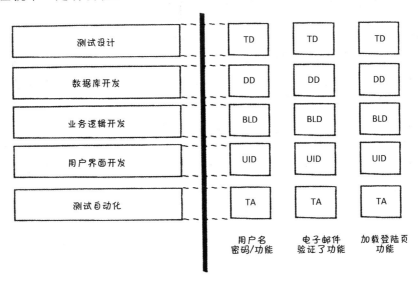

图 4.1　每个任务都是纵向切片，避免离散不连续的层，从而缩短反馈周期

第二个答案来自于故事的独立性。如果能把故事分得更小而且还能独立给它们排列优先级，那么把它们作为单独的故事而不是任务就是有道理的。看一下这个例子，没有一个任务能够排列优先级，因为从客户角度来说，价值不完整，也不连贯。

所以呢，美味的蛋糕可不能一层一层地吃，要成片吃，一口可以尝到蛋糕所有的味道。

技术故事和软件错误

我喜欢 Henrik Kniberg（亨瑞克·克里伯格）在他的《精益开发实战》中对技术故事做了如下定义：

> 技术故事是客户不感兴趣但又不得不做的事，比如升级数据库、清除没用的代码、重构混乱的设计或实现一个老功能的测试自动化。

谈到技术故事时，我经常听到下面两个问题。

- 既然用户故事是以用户为中心的，技术故事又应该怎么写呢？

- 我们怎么用用户故事的常用格式来表述技术故事呢？

针对第一个问题，我的回答是："不到万不得已，就不要写独立的技术故事，最好尝试在某个和这个技术相关的功能性用户故事里把它作为一个技术需求以任务的形式表达出来。"记住，如果有多个功能性用户故事都依赖于这个技术工作，则可以在优先级最高的用户故事中体现。

我喜欢把技术工作放在功能性故事中（而不是作为一个单独的技术故事），主要是想确保产品负责人不会因为"客户对技术故事不感兴趣"而忽视它（Kniberg 2011）。通过在功能性故事中体现技术，技术工作肯定不会被漏掉，而且，产品负责人还会开始理解故事本身的技术复杂性。

再说第二个问题，怎么用用户故事的常用格式来表述技术故事呢？我的答案是没有必要一定这么做。我喜欢用用户故事格式来写功能性故事。但这个格式不一定适用于技术故事。相反，可以选用合理的且便于沟通的格式。确保技术故事的格式尽可能保持一致。我对如何用产品列表来管理软件错误也是同样的建议。虽然用用户故事的格式来记录软件错误也不是不可以，但我发现这种方式有些生硬、不自然而且让人困惑（就像把一个方块硬塞进一个圆洞一样）。

一致性最重要

归根结底，选择什么格式，怎样把用户故事切割成更小的任务完全取决于你（顺便说一句，有些团队从来没把任务细化到这个程度）。Scrum 从来不谈这些细节，也没有需要遵循的相应的规定。

但是，如果想实现事实上的标准，就要保持一致，不管选择哪种方法。这并不意味着你的选择必须一成不变。优秀的 Scrum 实践者肯定都会持续检查和调整自己的工作流程。但是，一旦决定尝试某种方式，就要确保团队能够理解它并用它来描述所有用户需求。这种一致会产生一种纪律感，是你不能和产品负责人对话时（希望这种情况很少）的保单。

捷径 11：制定完成标准（DoD）

最近，我征服了自己觉得最困难的 Scrum 挑战之一，而且和我的职业生涯没有一丁点儿关系。我终于说服对技术毫无兴趣的妻子 Carmen 采用"家务 Scrum"！我们发现，自从女儿 Amy 出生之后，我们做家务事开始变得敷衍了事。所以，我把握住这个机会，做了一个任务板。现在，我家被各式各样的便利贴装饰得很漂亮。

我得承认，我不是一个能工巧匠。但在当完成一项家务 Scrum 任务（比如修理一张桌子）后，我还是很自豪。我站在 Carmen 面前，把对应的便利贴移到"完成"那一栏——耶！说时迟那时快，Carmen 以迅雷不及掩耳之势把这张便利贴放回"进行中"那一栏，还加一句点评："嗯，桌子修得很好，不过这个任务显然并不满足我的完成标准——你的工具还扔在桌上呢。"这不仅让我超级自豪（因为我妻子显然把我的 Scrum 碎碎念听进去了），而且还强调了很重要的一课。当你有两个或更多的人参与同一个事务的时候，最重要的是设定和统一期望值。Scrum 理解这句格言的重要性并提供一个重要的概念来帮助我们做到这点：完成标准（DoD）。

含糊的争论

虽然就主观的题目进行讨论可能很有趣，但我经常发现这不是一般地浪费时间，特别是在工作时。大家经常弯弯绕，不停地兜兜转转，但就是没有结论，最后各方都沮丧甚至愤愤然不欢而散。在"过去的日子"里，程序员和测试员在讨论质量时发生的这样的争吵数不胜数。程序员坚称自己的代码完全满足需要；测试员气得要把头发揪掉，说事实上恰恰相反。谁是对的呢？都不对。问题在于构成足够质量标准的规则没有清楚的定义或者没有进行很好的沟通。

如果 DoD 是共同开发制定的，就能极大避免这些争吵的发生（参见图 4.2）。DoD 成为一个指导开发工作的协议，清楚列出一项任务需要完成哪些工作之后才可以被归为"完成"。

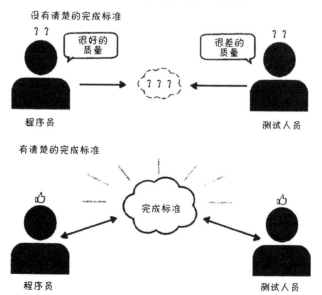

图 4.2　用清楚的完成标准来统一期望，减少含糊不清的争论

从哪儿开始

在制定第一个 DoD 时，首先要意识到它不是一成不变的。犯不着穷己一生深思熟虑 DoD 到底应该怎么定义，因为它会不停演进。像其他任何东西一样，DoD 也需要定期检查和修正。如 Clinton Keith（克林顿·基斯）在《Scrum 敏捷游戏开发》一书中所说：

> 团队通过改进其工作实践来扩展标准 DoD。这可以使团队持续改进他们的效率。（Keith 2010）

在制定最初的 DoD 时，我建议一定要现实甚至保守。没有人能够在网上搜到一个刚好适合自己的、明确的 DoD。它的定义应该根据产品的具体需求以及团队的能力、期望值来定制（而且记住，这些都会随着时间推移而改变）。还有，确保整个 Scrum 团队，包括开发人员、产品负责人和 ScrumMaster 都参与制定和改进 DoD。

多层次的

DoD 适用于多个不同的层面。任务、用户故事（参见捷径 10）和交付都可以有其对应的 DoD（参见图 4.3）。

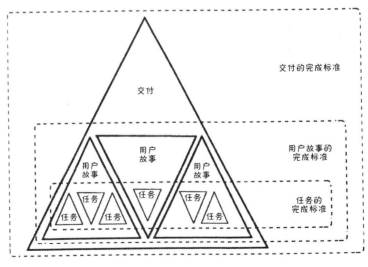

图 4.3 完成标准可能有不同的层次

让我们来看几个例子。记住，没有所谓的通用 DoD；不过，我工作中用过一些指导性的定义，可能对你在团队中引导 DoD 讨论有所帮助。

任务层面（以编程任务为例）

DoD 在任务层面包括如下几条内容。

- 代码经过单元测试。

- 代码经过同事检查（如果没有做持续结对编程的话），确保代码符合编程标准。

- 代码被递交到源码库，而且有清楚的递交说明以保证可追溯。

- 递交的代码没有破坏构建。（参见捷径 18）

- 任务板也被更新，任务剩余时间为 0（参见捷径 21）。

用户故事层面

这个特定的故事包括两部分（原谅我运用的是双关语）。第一部分是指用户故事的需求描述是否足够详细准确，可以确保开发人员在最近一个 Sprint 中着手开发工作（有时叫"就绪标准"）。第二部分（这是更显而易见的部分）是指用户故事是否已经可以用于产品交付。

- **就绪标准**（参见图 4.4）
  - 用户故事已经被估算过（参见捷径 14）。
  - 有一组清楚定义的验收标准。
  - 用户故事在产品列表中的优先级已经确定。
  - 有适当的且适用的扩展文档（例如，如果需要的话有模型和框架图）。
  - 基于初始估算，这个用户故事可以轻松放入一个 Sprint。

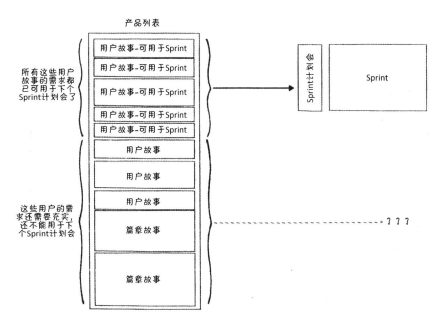

图 4.4   当用户故事可用于一个 Sprint 后，就可以移入 Sprint 计划会

- **完成标准**
  - 所有自动化功能验收测试证实新功能可以如期端到端工作。
  - 所有回归测试证实新功能和其他功能的成功集成。
  - 所有相关的构建/部署脚本都已经修改并且测试过。
  - 最终的运行功能已经由产品负责人、全部检查和接收。
  - 所有的最终用户文档都已经写好并且被检查过。
  - 如果需要，所有翻译和其他本地化工作都已经完成集成和检查。
  - 开发团队已通过 Sprint 评审会向所有相关干系人演示用户故事。

交付层面

交付层面的完成要素如下所示。

- 和这个交付相关的所有代码都已经成功部署到产品服务器上。

- 交付通过所有产品级的冒烟测试（自动的和手动的），采用的是实际产品数据，而不只局限于测试数据。

- 客服和市场团队都已经接受新特性的培训。

- 产品负责人已经检查和接收最终的交付。

限制因素

除了前面所述的例子，DoD 还经常反映了一些需要符合规定的系统限制因素（也叫非功能性需求）。我们经常叫"可……性"。典型的限制包括可伸缩性、可移植性、可维护性、安全性、可扩展性和互操作性。这些需求需要融入产品的所有层面，从任务级别一直到交付级别。

下面是一些限制因素的例子。

- 可伸缩性：规模必须能扩充到同时支持 20 000 个用户。

- 可移植性：任何使用的第三方技术都必须是跨平台的。

- 可维护性：所有模块都需要保持清楚的模块化设计。

- 安全性：必须通过具体的安全渗透测试。

- 可扩展性：必须确保数据接入层可以和所有商用关系型数据库相连。

- 互操作性：必须能够实现套件中所有产品的数据同步。

接收标准还是完成标准（DoD）？

逐步熟悉 DoD 和用户故事格式之后，就可能时不时碰到一个有趣的问题：一个 XYZ 需求应该是接收标准的一部分，还是应该是 DoD 的一部分？这个问题的答案取决于这个需求是适用于所有用户故事，还是用户故事里的一个子集。以向后兼容的例子来说，如果这个产品正在开发的所有功能都需要和以前的版本兼容，这个非功能性需求就应该是 DoD 的一部分。另一方面，如果确定只有几个在开发的功能需要向后兼容,那么这个需求就应该放入与这些功能相关的接收标准（Acceptance Criteria）。

就像做菜一样!

和我们对 DoD 需求的讨论相似（参见捷径 10），最重要的是记得保持一致。DoD 随着需求及团队能力的变化而变化。一开始就雄心勃勃地制定一个过于详细的 DoD 也许让人钦佩不已,但它一旦变得不现实,就会挫伤团队的信誉和士气。所以,面对现实,从最小的可接收 DoD 做起。记住,它会随团队的成熟而演进。

这就好比做菜的时候加盐,我们是可以不停地加盐,但是盐一旦加多,就很难办了。

捷径 12:渐进启示

随着我们一天天变老,身体也会慢慢发生变化:这儿多了一条奇怪的皱纹,那儿多了一些赘肉,等等。幸运的是,如果还不想优雅地变老,我们可以借助于一个强大的工具与老化做斗争——一块了不起的能反光的玻璃——镜子! 通过每天照镜子,我们可以检查并对任何细微的变化做出调整（当然,如果你愿意）。一条新的皱纹——没问题,多抹一点儿面霜;腰上赘肉开始凸起——好的,多去几次健身房就能搞定。

现在我们想象一下,假设你有一年没照镜子,会有两种可能的结果。第一,无疑,你会非常惊讶于镜子里（相对）不再熟悉的样子。第二,这种"降级"积累长达一年,会让"修复"工作变得更复杂和困难,甚至无法挽回（和化妆品公司告诉你的相反）。

敏捷教练 Mike Dwyer（迈克·德威尔）在他的博客中深刻地指出:"Scrum 不是万能的银弹,但它是一面银镜!"（Dwyer 2011）这句话说明 Scrum 并不是能帮你解决项目灾难的万能银弹,但它是一面银镜,能帮你尽早发现哪些地方需要改进。在过去,瀑布式流程只有到最后才能让你仔细观察产品或流程。通过 Scrum,团队有机会频繁地照镜子，发现早生的皱纹，好让团队防患于未然。

也许你觉得这个捷径特别针对重要的 Sprint 回顾和检视会，但事实上不是。相反，它专注于一种非正式的 Sprint 内活动，许多团队称之为"演练"。演练的目的是在整个 Sprint 中对开发中的用户故事做日常的检视和适应。Sprint 检视的目的是什么呢？？我就知道你一定会问这个问题。Sprint 检视确实是定期照镜子的机会，不过，如果做更频繁的检视，可以通过更快的反馈回路帮助消除额外的浪费，而且有助于持续部署/交付（参见捷径 18）。我仍然相信 Sprint 检视的价值，但我觉得它更是一个可以让我们在更广干系人团体里展示和讨论 Sprint 输出的良机。

核查和验证

演示的目的是和团队再次确认他们承担的工作（或即将承担的）在交付时与所有人期望的一样。开发人员如果想和产品负责人确认他没有误解他为什么要做那个（些）PBI，可以要求演示。又或者，产品负责人如果想在投资大量的时间和精力之前核查一下设计决定，也可以要求演示。

在瀑布式项目中，这样的情形司空见惯：产品经理（用过去的俗名）在开发最后关头被震得目瞪口呆，大叫："这不是我想要的！我要的功能应该像是那样，那样的！"这时，开发人员会生气并且粗暴地回应："那为什么规范文档 3.6.4 版的第 47 页会这样说呢？难道它表达的意思恰恰相反！？公司内有半数的人可都在上面白纸黑字签了名的。"

我并不是说用了 Scrum 之后就不会再有这种沟通障碍。事实上，由于强调提高面对面讨论交流的频率，你也许会发现有更多不同的意见。然而，关键在于越定期互动，越容易平息争论并使所有人重新回到正确的方向。

何时，何地，何人

只要需要，任何时候都可以演示。和我一起工作过的一些团队喜欢每天安排一些时间段（典型的做法是站会之后一个小时以及下午某一个小时）。这个安排不要求所有团队成员每天一定参加两个小时的演示，但它让大家对这个时间段可能会被打扰有思想准备。如果有人拍你的肩膀，要求你参加或者做一个演示，请不要觉得沮丧。

因为演示通常是动手展示，所以需要核查和验证，所以一般都是在对应开发人员的桌前进行。没必要搞发会议通知和预定会议室之类的繁文缛节。不过，如果开发团队没有一起办公的良好条件，就需要考虑一些相应的后勤工作。

至于哪些人需要参加演示，我建议你始终要同时包括产品负责人、相关的程序员和测试员。因为我们希望更多依赖于讨论而不是规范，所以，保证所有人都有相同的理解并保持意见一致相当重要。

问题和调整

演示应该完全专注于当前 Sprint 列表的内容，而不是讨论未来故事的论坛，后者是 Sprint 计划会（参见捷径 8）的事情。演示的有效输出通常有以下几类。

- **问题**：开发中发现的问题体现在不正常而且需要修复的功能上（参见捷径 9）。

- **调整**：设计微调，注意，不要把范围蔓延带入整个用户故事中。

- **笑着点赞**：如果演示证实开发出来的产品与需求丝毫不差，就会得到这样的反馈☺。

当心范围蔓延

如果产品负责人在演示中做了一个"口味测试"，然后决定调整一下"口味"（我不是说一小撮盐），该怎么办？这个场景非常普遍而且可能很让人沮丧，但是，如果能够处理得好，就不是问题。

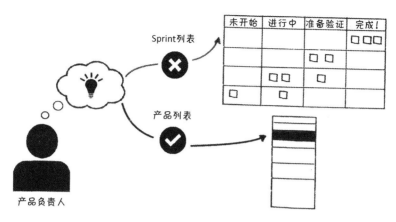

图 4.5　微调可以迁就和包容，但大的变动得放入产品列表，
留到下一个 Sprint 处理

记得在介绍捷径 1 的时候，我说一旦 Sprint 内容设定，就不得更改，好让开发人员在整个 Sprint 期间保持专注。虽然微调是在意料之中并且可以接受，但必须避免在一个 Sprint 中间对一个用户故事需求进行大的改动（参见图 4.5）。如果出现这种情况，该怎么处理呢？举例来说，产品负责人决定在购物车添加更多付款方式。没问题，新创一个额外的用户故事来关注新的付款方式，并把它加入产品列表。如果这个用户故事的优先级很高，就放到下一个 Sprint 计划会进行讨论，这样就自然而然把它放到下一个 Sprint 处理，而不是改变这个 Sprint 的范围。

记录输出

虽然我们鼓励团队在演示时实时解决问题和调整（如果变化微不足道），但有时仍然做不到这一点。在这种情况下，重要的是不要因为时间的流逝而把问题抛之脑后。我建议用下面几个方法来确保不过度浪费时间做文档。

1.　在用户故事当前的验收标准下画一条虚线，将原始需求和新的笔记区分开。

2.　加上演示参加者的姓名缩写和日期时间戳，以帮助团队更好地回忆修改时的讨论细节。

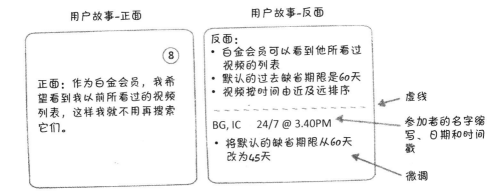

图 4.6　如何将微调记录在用户故事卡片的背面

3.　用短小清晰的语句来记录需求，参见图 4.6。

4.　新的变化可能演化出新的任务或延伸现有任务的长度，或两者皆有。这些都没有问题，但要确保相应地调整现有任务的需要完成时间。我也建议在任务板上用不同颜色的便利贴来添加新的任务，而不是用老任务的颜色（参见捷径 21）。

不要做过头

我是在澳大利亚布里斯班长大的。在市中心有一个室外攀岩场地，市民可以享受并和大自然亲密接触。虽然攀岩不一定是我最喜欢的运动，但我偶尔也去冒冒险，欣赏一下蜘蛛人的勇气和灵活。我特别记得那些勇敢（或是说疯狂）的攀岩者的自由攀爬，他们不用从上面垂下的保护绳，而是一点一点往上爬并用攀岩锚把自己不断地固定在岩壁上。攀岩锚之间隔得越远，滑落的风险就越大，恢复的时间也越长。但是，如果攀岩者太过频繁地设立攀岩锚，肯定会浪费太多时间和体力并丧失登顶所需要的节奏和专注。

Sprint 中的演示类似于自由攀岩时的攀岩锚，为了确保"安全"，在必要的前提下尽量频繁地做演示，但不能为演示而演示，因为谁也不想团队白白浪费宝贵的时间和精力。

结语

本章三个捷径所讨论的战术、工具和技巧着眼于团队如何定义与改进需求和完成标准。让我们回顾一下。

捷径 10: 结构化故事

- 用户故事层次概览。

- 如何把用户故事切割成任务？

- 如何把技术需求整合到 Sprint 列表中？

捷径 11: 制定完成标准

- 定义"完成"含义的起点。

- 生成多个层面"完成"的几种方法。

- 完成标准（DoD）和接收标准之间的区别。

捷径 12: 渐进式启示

- 实施渐进式 Sprint 内演示的好处。

- 演示的注意事项——何时，何地，何人区分范围蔓延和可以接受的 Sprint 内微调。

第 5 章

估算

不管喜不喜欢，为软件项目提供估算这个需求永远不会消失。不过谢天谢地，只要团队选择使用 Scrum 项目估算的事实标准"相对估算"，典型的估算负担就会大大减轻。

下面的三个捷径要介绍相对估算这个概念并指导你从传统基于时间的估算转为相对估算。

捷径 13：关于估算那些事儿介绍相对估算的魅力。**捷径 14：规划扑克细则**提供一系列可以用来保证高效规划扑克会的秘诀和窍门。**捷径 15：转向相对估算**提供的建议可以帮助团队从基于时间的估算转向相对估算。

捷径 13：关于估算那些事儿

像很多正在读这一捷径的读者一样，我也曾经把大量时间花在冗长拖沓的估算会上，精心地将模糊的需求分解成详细的任务（做成长长的条状甘特图）。还有比做甘特图更糟糕、更浪费时间的，就是因为不可避免的范围变更（这样的事情多如牛毛）导致每天都得花大把时间重做甘特图——更别提还得调整估算了。

不久前，我终于意识到这种情况的唯一好处：我有很多看起来很有趣的条状墙纸，可以用它们装饰办公室！

然后，我开始琢磨有没有一种更有效的方法可以用来征服估算之暗黑艺术。经过长时间的求索，我偶然间发现了用于估算新涌现需求最有效的方法：相对估算。这种方法独有的优雅简洁最终使我信服一点：在又长又黑的估算隧道中，还是有些许亮光的。

估算之痛

在搞清楚相对估算的来龙去脉之前，让我们先回到源头，想想估算为什么那么困难和痛苦（特别是在我们软件世界）。

首先，我们人类天生不是好的估算师。我们要不就是乐观主义者，要不就是悲观主义者，但就是很少有现实主义者。我甚至都不需要为这个断言提供统计数据支持，因为我确信每个人看到这儿的时候都在点头表示赞同！

此外，特别在我们软件行业，有多得数不清的未知数：技术一直在变；新需求不断涌现；任务之间（和人与人之间）错综复杂的依赖关系。我们甚至还没有算上外界环境因素呢！

为什么还要劳神费力做估算？

如果我们的估算明显可能不准确，何必费神做估算呢？即使估算不总是正确的，仍然有许多重要的原因要求我们必须做估算。我想聊聊其中的两个原因。

估算的第一个原因是帮助我们做出周全的决定。比如，我问住在旧金山的一对夫妇喜欢到哪儿度假，澳大利亚还是墨西哥。他们会选择哪个？当然，两种可能都有。但都不能忽略两个重要的因素——时间和预算。假设他们更倾心于澳洲（的确，我是有一点偏心），但他们也许没有为长途旅行攒够假期（时间）或者没有足够的预算（因为澳元最近一直坚挺）。那么，他们如何知道自己能不能负担得起这次旅行呢？很简单，他们要估算旅行的天数和费用。这些思考原则同样适用于我们在软件产品心愿单上的需求。

第二个原因是设定目标。如果你像我一样，如果给自己制定了一个最后期限，就会全力以赴确保达到目标。当然，也有估算完全不靠谱的时候——这时不需要不可持续的豪言壮语和英雄行为——但估算和设定目标这个做法毫无疑问可以帮助你保持专注并取得最大成果。

现在，你该认同估算值得做了吧。下面我们直接深入相对估算的细节。

解释相对估算

相对估算通常应用于产品列表层面，而不是在 Sprint 列表层面。因为 Sprint 列表里的条目是在单个 Sprint 中的（以天记而不是以月记），需求可以定义得足够详细，所以我们可以用传统的时间单位（如小时）来估算。另一方面，PBI 的定义相对宽松一些，而且加在一起需要好几个月的工作量，这样一来，我们很难甚至不可能根据时间来做出估算。

相对估算使用"比较"的原则，比"拆分"的原则更快，也更准确。也就是说，团队不是把需求拆分为一个个任务并估算任务的大小，而是对完成一个新需求所需的相对工作和以前估算过的需求进行比较。下面用一个例子来阐述我想表达的意思。

爬楼梯的人

假如我们有四幢楼。其中有三幢是现代化的高楼大厦，一幢较老，还有些破旧。它们的大小各不相同。我们现在要估算爬楼梯到达这四幢楼的楼顶总共需要多长时间（参见图 5.1）。

如果我们从来没有尝试过这样的运动，就得考虑一些未知因素。比如，我们不知道自己的体力状况，也不知道在走楼梯的过程中需要处理哪些障碍。

怎么办？我们可以花时间数一遍每幢楼有多少层，然后估算爬那么多层需要多少时间。但是我们不知道自己的体力状况，也不知道楼道状况。这样的估算不仅花时间，而且如果我们的假设错得离谱，得出的估算也会有巨大的误差。

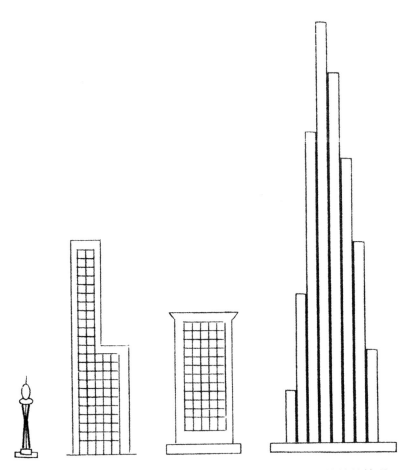

图 5.1　如何估算需要多长时间才能通过爬楼梯到达四幢楼的楼顶

再来看看另一种方式。首先，我们先用新发明的"工作量级别"对大楼进行归类，最小的建筑物可以假设为 10 点这一类。10 这个数字是任意选的，也可以是 100，1000 或任何数字（稍后你会明白为什么没有区别）。再看一下二号楼，我们觉得它看上去是 10 点那栋楼的三倍大小，所以就把它归为 30 点这一类。三号楼（较老的那幢）排在中间，所以我们把它归为 20 点这一类。但由于它比较老旧，可能爬楼梯有风险和障碍。考虑到这些因素，我们给它 25点。最后一幢楼是摩天大厦，是二号楼（30 点）的两倍，所以它是 60 点这一类建筑（参见图 5.2）。

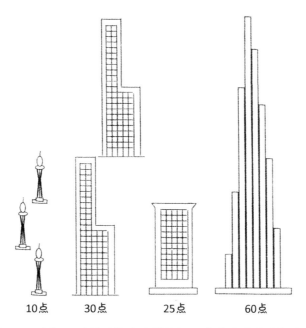

10点　　30点　　25点　　60点

图 5.2　我们可以通过快速比较按相对高度为大楼进行归类

注意，这些点数只是为了方便比较的相对估算标记。这些数字也没有任何具体的长度或时间单位——它们仅仅只是分类的标记。

通过这个小练习，我们可以快速估算出爬四幢楼需要的工作量——不是绝对时间，而是从相对的角度。这些信息是拼图游戏的第一块拼图。我们现在也许已经知道爬一幢楼所需要的工作量和爬另一幢楼所需要的工作量之间的相对比较，但还需要估算出整个过程需要多少时间。

下一步怎么办？好，先花一点时间实际检测一下自己的体力状况和某个有象征性特征的楼道状况如何？我们把这个实验定时为 10 分钟（我们选定的 Sprint 长度），看看能够爬多高（参见图 5.3）。

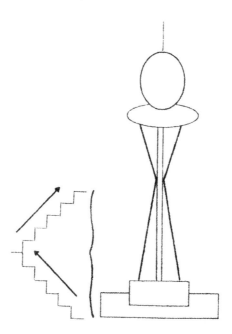

图 5.3　实实在在爬十分钟楼梯后，我们到达了 10 点建筑的中间

我们来到楼梯间，出发！十分钟后，我们爬到第一幢楼（10 点的楼）的中间。有了这个信息，就可以知道我们的速度，或换个说法，我们在十分钟的 Sprint 中能够完成的工作。鉴于已经爬到 10 点建筑的一半，所以我们可以说我们的速度是每个 Sprint 5 点，或更简单地说 5 点。

“但我们需要知道爬到所有四幢大楼的楼顶需要花多少时间。”好吧，我就知道你会这么想。好，我们做一个简单的推断，如何？让我们把所有四幢建筑的相对大小加起来：10+30+25+60 = 125 点。

然后代入我们的速度（记住，是 5 点），简单计算一下：我们将 125 点的总数除以 5 点的速度，得到 25 个 Sprint。已知每个 Sprint 是 10 分钟，那么我们就需要 250 分钟。我们还可以另加 50 分钟（所估算时间的 20%）作为额外的缓冲（用来缓口气，还有乘电梯下来的时间）。瞧，我们现在可以给个大致的估算：300 分钟或 6 小时，可以完成这个任务。

软件相对估算

让我们把这个新概念应用到软件项目。我们需要估算完成所有 PBI 所需要的工作量，而不是估算我们爬楼的实力。

首先，我们需要用三个因素来确定完成所有 PBI 需要多少工作量：复杂度、重复性和风险（参见图 5.4）。

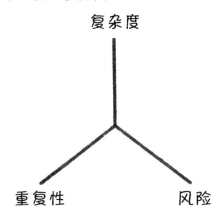

图 5.4　决定完成一个 PBI 需要多少工作量的三个因素

让我解释一下区别：我们也许有一个 PBI 需要设计复杂的优化算法。这可能不需要写很多行代码，但需要大量时间进行分析和思考。

其次，我们也许有一个 PBI 专注于用户界面，需要适用于多种浏览器的各个版本。虽然这个工作本身不复杂，但重复性很高，需要大量试错时间。

还有个 PBI 可能需要和一个从来没有接触过的全新的第三方产品接口。这是一个有风险的需求，也许需要大量时间来解决早期配合的问题。

估算 PBI 时，需要全面考虑这些因素。

还要指出一点，我们不需要详细的规范来做估算。假设产品负责人想要一个登录屏幕，我们就不需要知道精确的机制、流程和屏幕布局等。我们可以在一个 Sprint 里准备具体实现这个需求的时候再讨论它们。在这个早期阶段，我们只需要大致知道这个需求和某个已经估算过的需求（比如搜索功能）相比需要多少工作量。我们可以说如果搜索功能分配 20 点，而登录功能所需的工作量大约是搜索功能的四分之一，那么登录功能就应该分配 5 点。

速率

前面讨论的是速率指标的核心目的，不过还要意识到其他一些重要的因素。

- 速率是将一个 Sprint 中完成的所有 PBI 点数累加所得到的。

- 至于部分完成的 PBI，统计点数最普遍的方式是只将其得数统计到实际满足完成定义标准的 Sprint 中（参见捷径 11）。

- 虽然确实可以只用一个 Sprint 来算出速率，但实际情况是观察一个 Sprint 所得到的速率不一定能反映长期的平均值，因为速率极有可能在不同 Sprint 阶段有上下波动。波动可能出于多种原因，随便举几个例子，比如部分完成的故事的影响，障碍的影响，团队成员出勤率的高低，等等。要想得到更有代表性的速率，一个简单的选项是用平均速率或者过去三个 Sprint 波动速率的平均值。如果想获得更全面、准确的速率，我建议使用 Cohn 提供的免费速率范围计算器[①]，不过要注意，如果要用这个工具，至少得需要 5 个 Sprint 的数据。

- 速率依赖于相同的团队构成以及相同的 Sprint 长度，否则计算速率会相当困难。

---

① Mike Cohn 的免费速率计算器可以在 *www.mountaingoatsoftware.com/tools/velocity-range-calculator* 找到。

相对估算实践

为了把相对估算的理论运用于实践，很多团队会玩一个很有意思的游戏，即规划扑克。捷径 14 要详细介绍这个有效的技术以及如何通过一系列秘诀和技巧充分挖掘和应用它的高效潜能。

说到实践，很重要的一点是我们要承认也要理解估算是很困难的，非常困难。软件开发太复杂（充满太多未知数），但它又要求软件能够完美编译和工作。但是，我绝对相信相对点数估算至少和其他方法一样准确，而且相比之下，更简洁和优美。

捷径 14：规划扑克细则

现在，你的武器库里已经有相对故事点估算这样的装备，软件估算终于不必那么痛苦了。相对估算简单，有效，而且相比其他冗长且误导人的估算方法，它更有趣。

我们用来进行相对估算的方法由敏捷宣言签署人 James Grenning（詹姆斯·格林）发明并由 Mike Cohn 发扬光大，曰"规划扑克"。20 世纪 50 年代，兰德公司发明了德尔菲方法，并在 70 年代发展为"宽带德尔菲法"。"规划扑克"是在这个方法基础上发展而来的。这个方法可以用到一个跨职能专家团队所具备的宽广的洞察力，因此做出来的估算通常比一个人的估算更准。

准备游戏

这个方法之所以叫规划扑克，是因为团队的确要用扑克牌一样的卡片来出牌。但卡片上不是黑红梅方，而是用点数来代表故事大小。普遍使用的点数是 Mike Cohn 修改过的斐波纳契数列：

$$1/2, \ 1, \ 2, \ 3, \ 5, \ 8, \ 13, \ 20, \ 40, \ 100, \ \infty \text{（无穷大）}$$

你可能已经在考虑这个问题了，对这个无穷大卡片，我的比较合理的解释大致如此："哇！这个功能太大了，简直没法估算，在做任何有意义的估算之前绝对需要先分拆。"

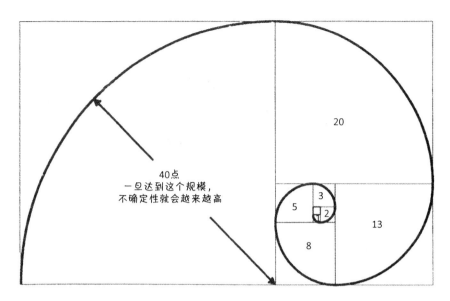

图 5.5　修改过的斐波纳契数列大约为一个对数的"黄金螺旋"

我坚决支持使用斐波纳契数列，因为它很好地体现了需求越大，不确定性越大（参见图 5.5），同时还避免了对准确性的错觉（比如从 21 改到 20，42 改到 40，等等）。尽管如此，这仍然可能给团队（尤其是新团队）带来问题。还记得捷径 14 中说过点数不和任何时间或距离单位相关吧。在使用斐波纳契数列时，人们会习惯于把点数当成小时数，例如，把 13 点当成 13 个小时。

为了避免这种情况，有些团队使用了更抽象的分级方式，就像 T 恤衫的尺码一样：

XS，S，M，L，XL，XXL

我个人不用这种额外多加一层的抽象方式，因为这还需要将这些尺码对应于数字值，否则在交付计划中没法做预测。还记得捷径 13 中用除以数字化速率值来计算爬楼所需要的时间吗？

规划扑克的机制

分享规划扑克的秘诀和窍门并确保我们的规划扑克会议不至于长得像一个半夜马拉松之前,先了解一下这个游戏的大概机制。

游戏通常按照如下顺序进行。

1. 在团队要求澄清范围与预期收益之前,产品负责人描述优先级最高的 PBI。对 PBI 描述和接收标准所做的任何修改都要逐步记录下来。

2. 一旦可以开始估算,每个团队成员就挑一张自己觉得最接近这个 PBI 所需工作量的卡片,把印有数字的一面朝下。

3. 每个人都选好自己的卡片之后,所有团队成员同时翻牌,亮出自己的卡片。

4. 如果大家意见不一致,最高值和最低值的组员就做一个简短的辩论(最多几分钟),其他组员旁听。

5. 根据辩论中分享出的新的信息,团队再回到第 2 步。

6. 重复第 2 到第 5 步,直到对这个 PBI 基本达成一致。

7. 给这个 PBI 分配一个值之后,用同样的方法讨论产品列表中下一个 PBI,从第一步开始。(参见图 5.6)

注意,ScrumMaster 虽然作为主持人全程参与,但并不参与实际估算。

有一个重要的要求是每个人必须估算整个 PBI 的工作量,而不只是估算和自己专长相关的那块任务的工作量。比如,程序员不只是估算编程的工作量,还要估算测试和部署工作的工作量,这是一个有趣的概念,对吧?

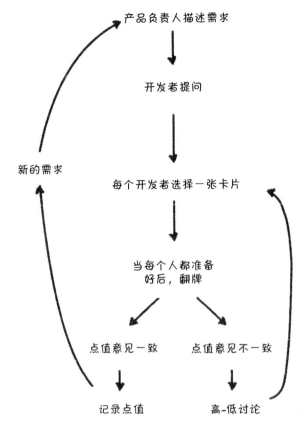

图 5.6 一个典型的规划扑克轮回流程

那么，怎样才能做到每个人都参与估算自己不熟悉的领域呢？他们需要根据经验进行一个综合性的估算。即使他们没有做过多少测试，但也记得以前实现某个相似 PBI 时需要做哪些工作。比如，他们会想起当时虽然编程没有什么难度，但因为和他们所用的第三方付费系统有各种集成点，所以测试简直就是一场噩梦。对个人来说，通常认为他们只估算自己负责的具体功能，而且这是新团队开始估算时通常都会有很大分歧的典型原因（所以一定要留心这个陷阱）。

什么时候用规划扑克

通常建议在初始产品列表确定之后安排第一次规划扑克会，以后每次有新的 PBI 加入产品列表，都可以做后续的扑克游戏或者在极少数情况下需要重估。只有在一大类 PBI 突然全都变大或是变小（相对来说）时，才需要重估。什么时候会发生这样的情况呢？假设你有一组 PBI 都依赖于和一个第三方软件集成。它们的 API 即使在最好的情况下也一直不周密，所以必须采用一个变通办法，更不用说有一大堆额外的测试要做。我们再假设他们终于交付了一个全新的、有明显改善的接口，你不需要变通办法和额外的测试，即突然之间，所有相关的 PBI 都相对变小了。

团队热身

要让整个团队为规划扑克会做好准备，很重要的一点是选择并让大家了解一组供参考的 PBI 及其对应规划扑克卡片上的点数。（参见捷径 15）。

这个过程的目的是尽早校准每个人的尺度（标准），让团队成员能立刻想起 13 点的 PBI 是什么，1 点的 PBI 又是什么（以及两者之间的 PBI）。开会前几天就把这些供参考的 PBI 发给大家，然后在会议当天早上，简单提醒一下大家。

大事就用大数值的卡片

通常，我主张把规划扑克卡片中大点数的卡片拿走（20，40，100，无穷大），还有 1/2 的卡片。这样做的基本原理是可以有效把可供选择的卡减到 6 张，选项越少相当于分析麻痹越少。不但如此，还可以迫使产品负责人不把含糊和过大的用户故事放在桌面上来讨论。

话虽如此，Mike Cohn 在《Scrum 敏捷软件开发》一书中提出一个大数值卡片的有效应用情景：

> 假设老板想知道一个拟建新项目的总体大小。老板不需要完美的、非常精确的估算。"一年左右"或是"三到六个月"这样的估算足以满足需要。为了回答这样的问题，需要写一个产品

列表，但又不想花过多的时间在上面。使用描述大功能的篇章用户故事足够了……这些用户故事可以用这些大的用户故事点数来估算。（Cohn 2011）

如果没有其他办法，使用这些大数值也能体现出不确定程度很高，而且在这个早期阶段能提供的最好的估算只是一个大概，而不是具体的时段。

不要重复统计

这样的事情经常发生：一组 PBI 不可避免地依赖于某些同样重要的研究或技术分析。碰到这种情况，要确保相同的工作不会被重复估算。这些基础工作应该只算入某一个 PBI，而非所有的 PBI 中。虽然这些额外的工作应该放在哪个 PBI 中由你决定，但建议把它列为预计最先做的 PBI。虽然这个建议听起来似乎理所当然，但你会发现，除非特别强调，否则团队成员其实会假设自己是在孤立估算 PBI。

达成一致

讨论完之后，团队开始玩第一轮规划扑克。如果无法达成一致，我建议尝试提出以下几个问题。

- 你们有没有考虑到所有必须有的功能，而不仅仅是个人的专长？

- 你们对点数的观点是很坚决还是比较温和？如果是后者，又有没有可能改变估值？

- 有没有人在两个数值之间摇摆不定？如果有，你是否愿意同意大多数人的意见？

如果问了这三个问题后还是无法取得共识，就要安排一个高点数代表和低点数代表之间的辩论。注意，确保辩论不会变成细节层面上的技术讨论。可以给辩论者一个简单的建议，他们应该根据参考

PBI 来比较估算当前的 PBI（而非根据技术实现的复杂性来估算）。还记得捷径 13 所介绍的要点吧，相对估算关注的是比较，而不是分拆。

最后，如果团队始终无法在两个相邻的数值之间达成一致，就应该保持审慎，选用较人的值。

手机也有用

除非你信奉严格的纪律，否则总会有人偶尔用手机看看短信。但如果他们是在玩《愤怒的小鸟》，就比较糟糕了！这时，我建议你不要扮演训斥学生的老师，而是把他们的手机变成扑克游戏的一部分。让他们下载一个正规的规划扑克应用软件，开始用手机而不是用传统的卡片。这样在手机上玩规划扑克不仅可以让队员没机会玩《愤怒的小鸟》，而且还可以给你省下在会议结束时收拾卡片的时间。

一切都离不开收益

玩几次规划扑克且采纳这个捷径中的建议之后，很快就能体会到它为估算带来的明显收益。但如果哪一天老板把你叫到他办公室，说他对团队用上班时间玩扑克牌很担心。你该怎么办？可以告诉他一些额外的收益，把他也变成规划扑克的拥护者。

- 能够快速估算长期产品列表，不要求有详细规范和复杂的依赖性分析。

- 能够通过多样化职能专家提供更广的视野，确保估算不至于有太大或太小的偏差。

- 能够充分利用完成过去工作过程中获得的知识。

- 能够让团队在相对传统枯燥乏味的任务中增加一些乐趣。规划扑克会议有更多互动，有生机，比传统的估算马拉松快得多！

牢记帕金森定律

根据我的经验，如果 ScrumMaster 控制不好规划扑克会的节奏和关注点，就会使这个会议变成无休无止的扯淡会或者甚至变成口水大战。（就个人而言，我不知道哪个更糟？！）

要严格控制讨论时间，始终牢记帕金森定律："不拖到最后一刻，工作总是做不完。"（Parkinson 1993）。

我保证，如果采纳这个捷径所介绍的建议，你的规划扑克会不仅会变得更劲爆（是指更快，而不是更暴力），还会大受欢迎。

捷径 15：转向相对估算

读到这个捷径，但愿你已经相信相对估算是一个很好的前进方向。灯光调暗，带上太阳镜，准备好第一次规划扑克会议需要的卡片（参见捷径 14）。但是请等一下——我们从哪儿开始？1 点的用户故事实际上意味着什么？13 点的用户故事呢？什么样的初始校准办法可以作为团队开展工作的基础？如果这些问题还在你脑海中盘旋，建议你接着读下去。

一种方法

有些团队喜欢使用的一种校准方法是识别出产品列表中最小的用户故事，然后把它指定为初始的 1/2 点故事（假设用斐波纳契数列）。一旦确定下初始基线，团队就开始估算其他用户故事；所有大约是 1/2 点故事两倍大小的故事归为 1 点故事；所有大约是 1 点故事两倍大小的故事归为 2 点故事，以此类推。

这种方法当然是有效的，而且表面上看起来也很简单。但实际情况是它最终所花的时间可能远远超出你最开始的预期。首先，团队要遍历整个产品列表，从中选出最初的候选用户故事；其次，团队还要就到底选用哪个用户故事作为初始基线达成一致。

考虑到团队刚刚开始接触这个流程，所以最好尽量减少含糊不清的地方。鉴于此，我建议利用过去完成的工作来校准故事点数。

使用历史数据

利用历史数据的目的是帮助找出已知工作量（老的已经完成的工作）和新的斐波纳契数列点值（或选用的其他任何比例）之间的对应关系。

使用历史数据可以为团队提供两个明显的优势：熟悉和一致。

熟悉

显然，任何团队都比其他任何人熟悉自己已经完成的工作，而不是未来要做的工作。这种熟悉程度在做规划扑克时尤其有用（参见捷径 14），因为团队可以把将来未知的工作和过去已知的工作进行比较，而不是把未知的将来工作和另一个未知的将来工作做比较（和前面所描述的第一个方法相似）。这种方法不仅可以去掉不确定因素，而且比较起来速度也快得多，因为团队可以很容易想起历史数据。

一致

历史数据构成一组基准数据（代表规划扑克中不同的点数）之后，同样的基准可以用于这个团队做的所有项目。早期所做的这个工作自然可以加速将来的估算，因为初始基准工作只需做一次（而不是每来一个新的产品列表就重做一次）。

创建对应关系

创建历史数据和新的点数比例之间的对应关系需要 5 个步骤。其中的第 2 步和第 3 步灵感来自于 James Grenning 的文章"规划扑克派对"，描述的是相似的方式（不过不是用历史数据，而是用新的产品列表）。

第 1 步：识别

选择同一个团队（或至少这个团队的大多数成员）曾经参与过的最

近一个项目。然后如图 5.7 所示，一条一条地列出曾经做过的工作，把它们写在索引卡片上（如果现在它们还只是记在电子表格上）。如果它们还没采用用户故事的格式（参见捷径 10），就先把它们转化为用户故事的格式，确保可以对一致性进行比较。

第 2 步：排序和分沓

这一步，需要一张舒适的大桌子，需要团队参与。从第一张索引卡片开始，大声读出卡片内容并把它放到桌上，参见图 5.8。

然后拿出第二张卡片，问团队是否还记得这个任务和第一张卡片相比需要更多、更少还是相同的工作量（参见图 5.9）。如果需要较少的工作量，就放在第一张卡左边；如果需要较多的工作量，就放在第一张卡右边；如果工作量差不多，就放在第一张卡片上面。如果有任何争论或困惑，就把卡片"烧"了。（可千万别真格地点火烧！）

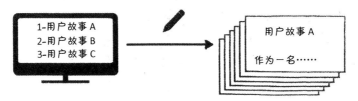

图 5.7　将记录在电脑里的需求转录成索引卡片

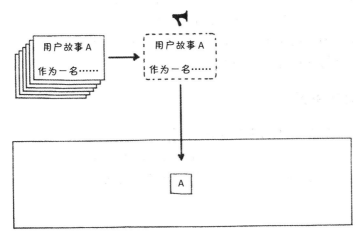

图 5.8　大声读出第一个故事并把它放到桌上

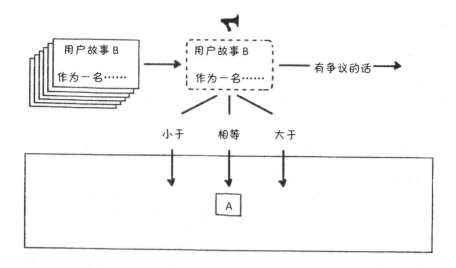

图 5.9 阅读第二个故事，然后团队集体决定它比起第一个故事需要的工作量

然后，再拿出下一张卡片，放在前两张卡片的左边（如果比前两张小）或是右边（如果比前两张大）或是两张卡之间（如果工作量刚好在前两张卡之间），或某张卡的上面（如果和这张卡大小相仿）。对所有的卡片重复这个过程（参见 5.10）。

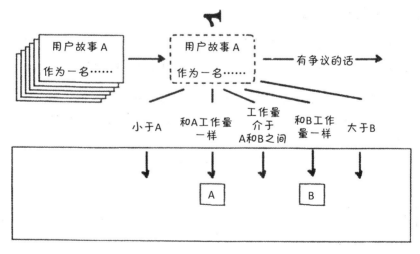

图 5.10 读出下一个故事，然后集体决定该故事和前面所有故事的关系

第 3 步：估算大小

到了这一步，桌上应该有一沓沓的卡片按序排成一排（按照其对应的大小）。请注意这儿“沓”这个词儿我用得有些宽泛，因为有可能某一沓只有一张卡片。最左边的一沓卡片表示最小的用户故事，而最右边的一沓卡片表示最大的用户故事。

现在可以来玩一会儿规划扑克了（参见捷径 14）。自动将最左边的卡片定为 1 点（参见图 5.11）。此外，我想把 1/2 点留用于一些微不足道的变化，比如调整标签或对齐文字框。所以，除了最小的故事本身就是这些微小的需求，否则就从 1 开始，而不是 1/2。

从第二小的那沓卡片（就是紧靠着 1 点卡片右边的那沓）开始，判断和最小的那沓相比需要的相对工作量（比如，可能是第一沓的三倍）。

因为每一沓都已经分好类，所以最好在每沓卡片的上面放一张标识着相对点数的卡片以便于记忆。用这个例子来说，第二沓上标着 3 点卡片。

第 4 步：进一步分类

运气好的话，规划扑克会进展顺利（多亏你用到捷径 14 中介绍的秘诀），现在，你已经有几沓对应不同点数的用户故事。

如果一切顺利，每个点数都有一沓卡片与之对应（参见图 5.12），不过，如果不是这样，也不用担心。最基本的条件是，只要有几个参照基准，就可以开始了。

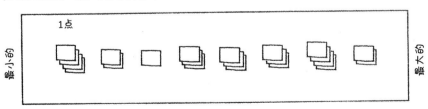

图 5.11 排序结束后，最小的故事和最大的故事分别放在桌子的两边

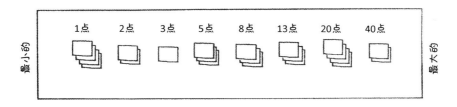

图 5.12 在规划扑克及分配点值之后，可能得到这样的几沓卡片

有几沓卡片中可能会有好几个故事，这时可以根据不同的关注点把
每沓再分为几个不同的子类（参见图 5.13）。比如，5 点故事可以
再分成三类。即使它们因为需要相似的工作量而放在一组，它们也
可能有不同的关注点。故事 1 可能有数据优化复杂性，故事 2 关注
的是用户界面，故事 3 可能需要和第三方产品整合。通过这样进一
步分类，才有可能对同类故事进行比较（估算新的产品列表时）。

第 5 步：最后过滤

这个校准过程的最后一步是过滤出每沓卡片（如果做了第 4 步，就
是每沓子类卡片）的代表。这些最终选出的卡片用作将来（新的产
品列表）规划扑克会的参考故事。考虑到故事已经分好类，所以大
家可以从每一沓中随机选择挑一个故事，或你想表现出更好的辨别
能力，团队可以挑他们最熟悉的故事。

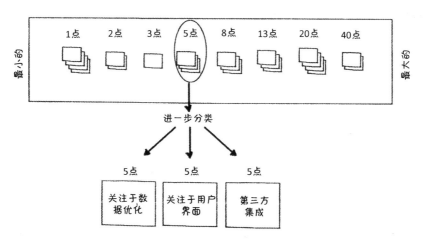

图 5.13 可以在同一沓卡片中根据不同的侧重点来进一步区分子类

唯有源头活水来

虽然最初的校准练习可以告一段落，但我还是建议你持续完善自己的参照基准库。每个项目结束后，都要把完成的故事加入参照基准库，逐渐丰富它，自己不仅熟悉里面的故事，还很容易将它们对应于各式各样的需求。

就这么简单。现在，你已经掌握利用历史数据校准相对参照基准的流程。通过利用过去完成的工作，团队可以受益于自己对它们的熟悉程度和一致程度，从而更顺利、更清楚地转为使用相对估算。

结语

本章三个捷径所讨论的战术、工具和技能着眼于帮助团队理解相对估算并转而使用相对估算。让我们回顾一下。

捷径 13：关于估算

- 估算需求的根本原因。

- 使用易于理解的比喻来解释相对估算。

- 哪些因素对有意义的速率有影响。

捷径 14：规划扑克细则

- 规划扑克会议的机制。

- 确保团队充分准备好规划扑克会议的几个窍门。

- 规划扑克提供的其他福利。

捷径 15：转向相对估算

- 使用历史数据来校准初始参考点数的好处。

- 如何创建过去已完成需求和故事点之间的对应关系？

- 生成一组有意义而又广泛的参考点值的流程，供将来的估算会议使用。

第 6 章

质量

众所周知,质量上的妥协是传统瀑布式软件项目的常见特色,主要归咎于项目最后才将所有程序集成在一起测试所引发的高风险。虽然 Scrum 通过迭代和增量开发极大缓解了风险,但事实是我们仍然不能杜绝软件中的每一个错误。

下面三个捷径将逐步介绍事前的预防性措施和事后的补救性措施,帮助你对付这些讨厌的代码错误(bug)。

捷径 16:见鬼!Scrum 代码错误列出了一系列新的定义、原则和流程来帮助管理 Sprint 中的软件缺陷。**捷径 17:我们仍然青睐测试人员**讨论传统测试人员在 Scrum 团队里的新角色。最后,**捷径 18:自动化王国**列出开始测试自动化之路时的一系列要务。

捷径 16:见鬼!Scrum 代码错误

虽然我们再也不需要对付钻到真空管里的飞蛾(对,这就是 bug 这个词的起源),但它们的数字化后代仍然是这个星球上每个代码库的常客。代码错误(bug)以及我们对付它们的方法都在与时俱进,这也与我们新的敏捷思维方式特别相关。

以前,我们瀑布飞流的世界是以非常串行的方式来看待和处理程序错误的(参见图 6.1)。

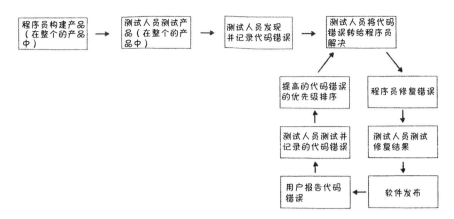

图 6.1　在瀑布式开发环境下，串行处理代码错误的简化流程图

以这个简化的流程作为基准参考，我们来看看实现 Scrum 时要做哪些改动。如果团队想尽早、尽量频繁地递交可用的功能，那么特别重要的一点是，编程和测试必须紧密相连，而不是分成串行的两个阶段。

新的定义

在探索一些新的 Scrum 代码错误处理流程之前，我想先解释我要用到的一些定义和原则，它们是后续讨论的基础。

定义 1：问题

- 问题是指在 Sprint 中发生的与尚不满足完成标准（DoD，参见捷径 11）的用户故事（参见捷径 10）密切相连的问题。所以，问题通常是在实现用户故事的那个 Sprint 里程序员或自动化构建（参见捷径 18）或做探索测试的测试人员或做演示（参见捷径 12）的产品负责人发现的。

- 问题不属于 PBI。相反，问题可以看作是用户故事演进中验收标准的一部分。本质上，我的意思是说问题没有解决，用户故事就不算完成。既然如此，问题是实际用户故事的一部分，尽管与 PBI 相关，但它并不是独立的 PBI。

定义 2：代码错误

- 代码错误之所以算是错误，必须是在用户故事已经完成并被产品负责人接受之后发现的。所以，代码错误通常是被用户发现（发布之后）或通过自动化回归测试发现的（在实现后续用户故事时）。

- 代码错误是一种 PBI。用户故事是另一种 PBI。代码错误和用户故事应该放入同一个产品列表里，用同样的方法估算工作量（比如相对估算，参见捷径 13）并放在一起排优先级。某个特定的代码错误可能与一个用户故事相连，但在跟踪和排优先级时，应该区别对待它们。重申一下捷径 10 的观点，代码错误可以用用户故事的格式来表示，不过我个人觉得在大多数情况下这个格式并不适用于代码错误。

新的原则

让我们看看下面三个新的原则。

原则 1：消除不必要的文档

还记得敏捷宣言（Beck et. al.，2001）的第二个原则"可工作的软件高于详尽的文档"吗？在早期"浸泡"于瀑布式工作中的时候，据我观察，测试人员和程序员花大量时间把每个代码错误的细枝末节仔细记录归档。我记得当时经常思考到底是花在文档上的时间多，还是花在修改错误上的时间多。Scrum 尽可能依赖于实时交流（而不是书面的代码错误记录），但如果需要文档，就要让文档在满足目的的前提下尽可能精简。

原则 2：立刻解决问题

世界上没有比自己的陈腐代码更糟的事情了。哦，等一下，是的，还有一样——那就是别人的陈腐代码！遗憾的是，在我们这个捷径开头提到的串行工作方式中，我们必须经常性地回头解决早就写好的那堆代码里的错误。回顾这些老问题（可能是你自己的，也有可能是某位休假的同事的）需要相当可观的切换时间。而且坦率地说，是对时间的巨大浪费。问题发现得越早，修复它所需的精力就越少。正因为此，Scrum 中测试和编程总是完全紧密交织在一起的。

原则 3：不要半途而废

底线就是，一个用户故事在满足完成标准（DoD，参见捷径 11）之前对客户而言是不存在的。客户只对最后结果及获得的商业价值感兴趣。如果一个用户故事还没做完，就应该列入开发人员最高优先级的工作任务。直到完全完成之后，才可以转向下一个任务！

新的方法

有了前面的定义和原则作为程序错误处理流程的新基础，让我们来关注我推荐在 Sprint 中使用的一些方法。

- **场景 1：测试人员在做一个用户故事的最后探索测试，但是发现了问题。**

  首先，因为当前用户故事应该是程序员目前优先级最高的任务（参见原则 3），一旦发现问题，测试人员应该没有任何顾虑，而是径直走到程序员那里，解释并且/或者演示发现的问题。既然用户故事具有最高优先级，程序员就应该立刻放下手上的工作来处理这个问题。在这种情况下，如果问题可以立刻解决，口头交流就够了，没有必要做任何文档记录。

- **场景 2：和场景 1 相同，但这次程序员已经在忙于解决另一个问题（属于同一个用户故事）。**

  在这个场景中，测试人员发现问题之后，发现程序员正专心致志地头戴耳机，坐在座位上处理前一个问题。测试人员完全不想中途打扰他处理问题。这时对于测试人员来说，在继续探索测试之前记下这个问题的细节很重要，免得事后忘了。

正如我们对问题的定义所述，问题应该作为验收标准的一部分。所以测试人员不用辛辛苦苦地花时间创建一个出错报告，分类，分配，排优先级，等等。相反，我建议他只需要在用户故事的验收标准那儿加一行问题描述和日期/时间信息以及一些细节说明。等程序员空闲下来后，可以在记录的提示下进行讨论。而且文档记录可以确保即使测试人员不在，程序员也可以着手解决这个问题。

● **场景 3：在某一个交付最后的用户接收测试中，发现前面研发阶段遗漏了好几个不易察觉的用户界面问题。**

一样，我们还是要尽量减少不必要的管理任务。在这个例子中，我建议用一个 PBI 作为这些小问题的"容器"。每个具体的问题也许只需要几分钟，所以为每个问题创建一个 PBI 所花费的时间可能比解决问题需要的时间还长！

只有在以下两种情况时，我才推荐使用这个方法：
❀ 这些小问题的优先级差不多。
❀ 这些问题或多或少有关联性，所以放在一起解决有意义。

如果不满足这些条件，即使看上去很小，也要单独建一个 PBI。

● **场景 4：已经交付的产品突然发现有一个严重的错误，需要部分 Scrum 团队来解决。**

我要问的第一个问题是："严重"是多严重？或更具体一些，这个问题能等到下个 Sprint 吗？如捷径 1 所说，我们最应该避免的事情是改变 Sprint 的目标。假设这个产品中的问题可以等一等，就专门建一个 PBI，把它放入产品列表，由产品负责人排优先级并可能安排在下个 Sprint 计划会中处理。

但假设这个问题需要马上解决怎么办？如果是这样，我们就要再问一个问题："解决这个问题需要多长时间？"让我们回想一下捷径 8，在 Sprint 计划会上用项目任务把团队的容量完全撑满是不明智的，我们需要留点余量来对付项目以外的打扰。具体到这个例子，我们可以用预留的缓冲时间来解决偶发的紧急问题。

再假设解决问题所需的时间长于缓冲时间，则有两个选择。首先，可以把这个问题作为障碍来处理（参见捷径 9）；或者，如果这个问题相当严重（以至于完全打乱这个 Sprint 的目标），就只能采用不受待见的撤退方案：产品负责人取消这个 Sprint，这个 Sprint 就此告终，团队重新开始 Sprint 计划会。

化蛾为蝶

程序错误当然让人痛苦，而且不管你喜不喜欢，它们永远都不会绝迹。不过我们已经学会了怎么以更好的方式对付它们。我们现在知道新产生的程序错误比老的容易处理，而且花时间做不必要的文档记录属于浪费时间。

相对于传统的测试和解决程序错误的方法，Scrum 方法大不相同。通过引入这些新的定义和原则，你可以避免一些不必要的开销和沟通障碍，这些东西曾经阻止团队从飞蛾蜕变成更美丽的蝴蝶。

捷径 17：我们仍然青睐测试人员

我们不仅仅是仍然青睐测试人员，实际上，在新的 Scrum 环境下，我们更青睐他们。我真心认为这一点需要重点强调，让我来解释一下个中缘由。

我还清楚地记得我向自己的第一支新建 Scrum 团队兴奋地介绍 Scrum 基本概念时的情形。我确信每个人都被我的热情感染，果不其然，我看到每人都在肯定地点头和微笑。但是，当我看得更仔细一点时，却察觉到一些测试人员坐立不安，眼珠子滴溜溜地转（暗示着不安和害怕）。为了理解这种不安，我们先回头看看测试职能的近况。

瀑布友谊

有感于传统瀑布模式在前些年所做的改进，人们对测试职能的价值和重要性的认识得以进一步提高。在很多组织里，还普遍设置有像编程团队一样强大而独立的测试团队。测试标准得到开发，也为测试人员专门设计了职业发展路径。测试团队"拥有"瀑布式开发流程里专门的环节。

然而随着 Scrum（或其其他敏捷表亲）的到来，突然之间，一切都变了。测试变成团队里每个人的责任。单元测试变成以程序员为中心的活动；甚至功能测试也可以由程序员自动化实现。测试人员开始焦虑，想到这个问题："测试人员应该怎样融入呢？测试人员应该在哪里融入呢？"讲到这儿，为了避免读者不必要的恐慌，我先直切正题，声明测试人员的重要性达到了前所未有的程度。《敏捷测试》作者 Lisa Crispin 和 Janet Gregory 强调团队而非个人这种方式是敏捷开发和传统开发之间最大的差异之一。有些测试人员立刻意识到这点，他们不仅松了口气，而且还对 Scrum 颇为兴奋，但有些人则仍对新的世界秩序忧心忡忡。

变革无处不在

变革是可怕的。Crispin 和 Gregory 深刻地揭示了敏捷开发转型之所以使一些测试人员焦虑的重要见解。他们认为"担心失去身份认同感"是测试人员最核心的担忧。下面是一系列具体的担心：

- 担心他们失去他们的质量保证（QA）人员身份。

- 担心他们缺乏敏捷团队所需的技能并因此而丢掉工作。

- 担心他们一旦分散在开发团队中，会得不到必要的支持。
   （Crispin and Gregory 2009）

我稍后要解释，在真正的 Scrum 环境中工作的时候，所有这些担心害怕都是没有必要的。是的，的确会有身份的转换；然而，和我一起工作过的名副其实的所有测试人员，或早或晚都张开双臂欢迎他们这个其实已经增值的身份。

当变化来临的时候，人们会本能地为过去的日子加上浪漫的背景，只记住温暖的事情，回避灰暗、负面的记忆。测试人员不应该将过去的生活回忆成在花园里漫步。（即使一路上有许多风景秀丽的瀑布☺）我记得最深的是，测试人员在项目最后总是精疲力尽：

> 传统测试团队习惯于在瀑布模式项目的最后阶段中手忙脚乱地
> 测试……而在敏捷项目里，测试人员被鼓励采用可持续的节奏
> 来开展工作。（Crispin and Gregory 2009）

新的身份

我们怎样才能帮助测试人员在从瀑布模式转到新的环境时拥抱他们的新角色呢？

让我们先解决被特意回避的问题：担心自己在功能上变得多余。从根本上来说，测试人员应该感到安全，因为他们是不同的。他们拥有独特的技能组合和思考问题的方法，这对任何软件项目的成功都至关重要。我想用 Nick Jenkins 在《软件测试初步》中的描述来帮助说明这一点：

> 一种特别的哲理伴随着"好的测试"。一名专业测试人员对待
> 被测产品的态度总是"这产品有问题，它有地方出错了，并且
> 我的任务是把这些错误找出来……"开发人员总是乐观地对待
> 软件，认为他们对软件的改动是为某个特定问题提供正确的解
> 决方案……。测试人员通过怀疑软件来达到一种制衡。他们寻
> 求用调查询问的光亮来照亮项目相对阴暗的部分。（Jenkins
> 2008）

简而言之，测试人员使用与程序员互斥的解决问题的思维模式，即从不同角度看问题。

消除最大的顾虑之后，让我们看看测试人员在摆脱大量让人心烦的重复性手工测试工作之后， Scrum 测试员会获得怎样让人兴奋的身份。

测试人员作为咨询师

如图 6.2 所示，测试人员是他所在领域的工艺专家，所以他在帮助非专业测试人员提高测试技能上是独一无二的。因为 Scrum 专注于定期交付高质量的可工作的软件，所以这一点更加重要。对于入门者，测试人员可以（也应该）作为程序员的共鸣板，一起做测试驱动开发。

此外，结对编程是一个很强大的极限编程（XP）技术，有时供 Scrum 团队采用。我认为"结对测试"（一个测试人员和一个程序员结对）甚至更有潜力，因为这样可以鼓励技能的扩展，培养人们对他人技能的彼此欣赏。

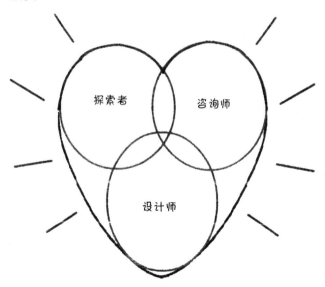

图 6.2　在 Scrum 中，我们仍然青睐测试人员，特别是他们的新身份

测试人员作为设计师

我相信，测试人员的核心技能实际上是设计。不论谁来运行或实现测试，经验丰富的专业测试人员总比团队中其他任何一个人能够设计出最有效的测试用例。

精心设计的测试不仅是构成最终测试的基础，而且也为 Sprint 计划会上的技术设计提供了至关重要的输入信息。如果测试人员在 Sprint 计划会之前参与用户故事的测试用例设计，那我敢保证因为争论的显著减少，计划会也会进展得更加顺利，更加短时高效。如果你担心这样的建议会演变成为瀑布化的 Sprint，我赞同 Mike Cohn 的以下观点：

> 作为团队成员之一，在做当前 Sprint 的任务并花一些时间做前瞻工作，不同于超前于其他团队成员做下一个 Sprint 中的任务……他们的头号优先级任务是交付当前 Sprint 承诺的任务。但此外，他们也要像大家对产品负责人的期待一样，适当地向前看。（Cohn 2009）

测试人员作为探索者

正如捷径 18 将要介绍的那样，测试自动化与 Scrum 的成功密不可分。不过，即使拥有最彻底、全面的测试自动化，也离不开手工探索测试[①]，因为任何层次的自动测试都不能代替它。毫无疑问，这类测试与其说是科学，不如说更接近于艺术。如果你有错觉，认为探索测试只不过是随意测试，是大猩猩测试的另一个名称，Crispin 和 Gregory 的点评会让你认识到探索测试的精妙。

> 每个测试人员都有不同的方法进行探索测试，有自己独一无二的工作风格。不过，优秀的探索测试人员仍然有一些共同的特点。优秀的测试人员：具有以下特征。

---

① 编注——有关探索测试，可以阅读《探索式软件测试》，作者 James A. Whittaker，译者方敏等。

- 是系统性的，但会追寻"臭味"（异常情况、不一致的片段）。

- 会用"神谕"（我们识别问题的原则和机制）来识别问题。

- 选择一个主题、角色或使命来确定测试焦点。

- 能够控制好探索时间。

- 考虑专家或新手的不同做法。

- 和这一领域的专家一起探索。

- 参考相似的应用或竞争对手的应用。

新的起点

在 Scrum 团队中，测试人人有责。质量不再是事后诸葛亮的想法，测试应该是用户故事开发中每个阶段的固定组成，包括在写第一行代码之前。

Scrum 转型感觉像是让测试人员激动的重生。摆脱手工测试的束缚之后，测试人员有机会专注于自己擅长的事：设计、提供咨询和探索测试。他们有机会以更有趣的方式来发挥他们的技能。

捷径 18：自动化王国

你有一个简单的选择：跳上自动化的游行花车，朝着激动人心的 Scrum 目标前进，或忍受"Scrum 瀑布"旅程中令人痛苦的下滑。

在没有自动化的情况下试图实现 Scrum 就像是试图在一条破旧的土路上开一辆赛车，你体验不到赛车那种让人觉得刺激的强大动力。相反，你会感到非常沮丧，而且无疑最终损坏并且抱怨赛车。如 James Shore 和 Shane Warden 在《敏捷开发的艺术》一书中所指出的：

> 软件开发要求非常苛刻。它要求完美无缺，要求成年累月的持续投入。运气好的话，软件错误的结果大不了只是编译失败。而运气不好的话，代码错误可能像定时炸弹一样安静地潜伏，直到在最危险的时刻爆炸。（Shore and Warden 2007）

Ken Schwaber 和 Jeff Sutherland 在《Scrum 指南》中根本没有提到软件工程实践。实际上，"软件"和"工程"两个词在这本小书中一次都没出现。相反，Scrum 被描述为更抽象概括的"开发和维护复杂产品的框架"。

不过，每个真正的专家都承认 Scrum（应用于软件行业）在与强大的自动化软件工程实践相结合后作用会有显著提高。这些实践多数来自于极限编程（Beck 1999）。我们这里要解释为什么。

自动化是个很大的话题，这方面的书很多。这个捷径只为你迈出自动化之旅提供一些概括性的建议。关于自动化，有很多层面、很多工具以及各式各样的工具组合，不过，我希望这个捷径简单明了，可以使你远离分析麻痹症。

我们会关注于几个紧密交织的关键性自动化实践，包括持续集成（Continuous Integration）、测试自动化、构建/部署自动化以及相对较新的持续交付（Continuous Delivery）等概念。

持续集成（CI）

敏捷宣言签署人 Martin Fowler 描述过持续集成的核心实践：

> 持续集成是团队软件开发实践之一，成员把他们的工作频繁集成在一起，通常每个人至少每天集成一次，这样一来，每天会有多次集成。每次集成都要用自动构建（包括测试）来验证，从而确保集成错误能被尽早检测出来。（Fowler 2006）

最大的收益是什么呢？（如果还不够明显的话，）我再次觉得没有人比 Fowler 描述得更好：

> 集成是一个耗时和难以预测的流程……推迟集成所引发的问题是你很难预计需要多长时间，更糟的是，难以判断目前你在整个流程中已经走了多远。就算是那种很罕见的至今为止进程还没有出现任何拖延，推迟集成所造成的结果也同样会让你在项目的某个[最紧张的]部分陷入盲区。

建立和运行 CI 当然是开始自动化之旅的最佳起点。Scrum 培训师 Kane Mar 进一步强调：

> 如果没有 CI，增量式开发潜在可交付的代码最多只能持续三四个 Sprint，之后就难以为继，因为所做的改动以及回归测试的工作量已经让团队抓狂。（Mar 2012）

CI 是谚语"小洞不补，大洞吃苦"的经典体现。只有在日常工作中频繁消除小的集成问题，而不是在项目最后才与复杂的集成问题搏斗，团队才得以把自己从压力和痛苦中解放出来。

CI 服务器时刻监视着是否有新的代码。一旦有新的代码递交，就触发新的构建。在过程中，服务器可以（并应该）执行所有的自动化测试。因为每天要执行很多次构建，保证非常短的构建时间非常重要——超过 10～15 分钟就会形成开发中的瓶颈并丧失构建的目的及作用。这个 10～15 分钟的时间限制也意味着 CI 构建不应包括所有应该放在辅助构建中的较慢的功能测试（稍后将涉及这个话题）。

测试自动化

没有测试自动化，结果可想而知。三四个 Sprint 后，手工回归测试的工作量将变得非常之大，以至于一些团队成员会忍不住求助于专门的"测试 Sprint"（参见图 6.3）。这不是个好主意，不过更糟的是，一些"聪明人"甚至建议再成立一个专门的"测试团队"一起工作在前一个（或多个）Sprint，来补足所有回归测试的工作。如果发生这两种情况之一，说明你的团队很有可能已经开始悲哀地倒退到非增量开发的传统瀑布开发。

好消息是有了测试自动化，我们没理由担心滑回到过去的黑暗年代。坏消息呢，如 Crispin 和 Gregory 所解释的：

> 自动化需要大笔投资，并且也许是没法立刻收回的投资。使用哪个测试架构以及自己开发还是使用外部的工具，都需要时间和研究来决定。（Crispin and Gregory 2009）

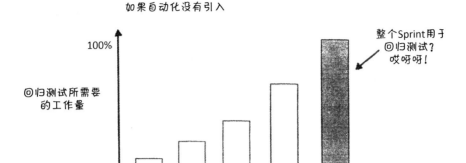

图 6.3　如果没有引入测试自动化，很快可能就会有一个"测试 Sprint"

在我同意需要投资的同时，也坚信收益远远超过投入。下面是 Crispin 和 Gregory 列出的一些收益。

- 手工测试需要太长时间。

- 手工流程容易出错。

- 自动测试可以把人解放出来做他们更擅长的事。

- 自动回归测试提供了一张安全网。

- 自动测试提供了尽早、频繁的反馈。

- 驱动编程的测试和实例可以有更多的用处及收益。

- 测试提供了文档。

- 自动化可以带来很好的投资收益。

自动化测试的种类

当你第一次看到测试自动化的广阔世界时，可能会被吓到。不仅测试的层次很多，而且每一层都缺乏业界通行的命名标准和准确的范围定义。所以，我这里所用的不同层次的测试描述和名称可能和你熟悉的稍有不同。

单元测试

单元测试关注的是最低层面的、独立的编程模块（比如一个类里的某一个方法），而且经常用某个 xUnit 框架来实现。这些测试应该通过测试驱动开发（TDD）来实现，因为这样可以提供额外的好处：

> 如果程序员用 TDD 的方式写测试用例，那么他们不仅创建了很棒的回归测试集，还运用这些测试用例设计出了高质量的、健壮的代码。（Crispin and Gregory 2009）

如果还不熟悉 TDD，可以看一看敏捷宣言签署人和 Scrum 教练 Ron Jeffries 提供的一个很好的解释：

> 测试驱动开发要求先写测试用例，然后再写测试用例需要的所有代码，并且仅限于测试用例需要的代码。这种纪律可以帮助我在考虑代码之前，先专注于代码必须实现什么。这可以保证代码简单，具有可测试性。TDD 不是生搬硬套的愚笨实践。相反，它几乎是以冥想的方式来保证我专注于现在进行的事。它极大减少了我的错误并进一步显著消除了我的紧张。（Jeffries 2010）

功能测试

功能测试又常称为"接收测试"。也许有一天我们会叫它用户故事测试，因为这类测试的想法就是能够测试和自动化某个用户故事的整个端到端的功能。

这类测试不一定包括用户界面（UI）的测试自动化。测试包含 UI 层会额外增加成本，因为通过 UI 运行测试用例不仅需要的时间更长，还很脆弱（用户界面在开发过程中调整频繁）。如果只想测试 UI 之后的部分， FitNesse[1]这样的工具就非常有效；但如果测试要包含所有功能层，则可以使用 Selenium[2]等工具。这两个工具都是开源的，而且可以免费使用。

---

[1] 要想进一步了解 FitNesse，参见 *http://en.wikipedia.org/ wiki/Fitnesse*。

[2] 要想进一步了解 Selenium，可以参见 *http://en.wikipedia.org/wiki/Selenium_(software)*。

集成测试

又常称为"系统测试"。集成测试是确保新功能在更广阔的生态系统中正常工作的测试。比如,开发中的产品也许需要和其他内部产品(比如管理工具)或者与第三方产品(比如付费网关)集成在一起。

性能测试

性能测试也有别名:负载测试或压力测试。性能测试关注的是测量产品在压力下的表现。典型的压力就是增加用户数和/或提高处理数据量。

注意,如果不是真的要每个 Sprint(或更频繁)都交付产品,也许不需要每个 Sprint 都执行性能测试。Mike Cohn 的观点是:

> 特殊目的的测试(比如集成测试、性能测试和可用性测试等)
> 不需要在每个 Sprint 都做。(Cohn 2009)

话虽如此,但不要让集成测试和性能测试之间的间隔太长,否则发现的问题可能会回溯到最早的设计。

部署自动化

如果认为在一个单纯简单的开发环境里把 Scrum 运行起来就足够好,我建议再检查一下现实情况。如果团队不能信心十足地简单按下一个按钮,就能将产品从单纯的开发环境部署到更大、也更恶劣的实用环境,就应该认为你现在所描绘的分阶段方式其实是另一种 Scrum 形式的瀑布而已。简单地说,团队必须极尽可能实现所有实用环境下构建-部署流程的自动化。

基于这个观点,让我们来看一些典型的关键环境,它们如何与不同的自动化测试相关联。

开发环境

在这个捷径里，我们早先关注的是 CI 服务器以及每次代码递交后都自动进行构建的好处。

除了运行 CI 构建，我还建议在开发环境里运行辅助构建（过去叫每夜构建）。这通常是手工驱动的，也没有那么频繁。CI 构建和辅助构建之间的区别是辅助构建有更充分的时间，所以可以包括所有的测试用例（特别是较为耗时的多种功能和用户界面测试）。《敏捷开发的艺术》指出辅助构建需要执行的一些其他功能：

> 除了编译源代码和跑测试用例，它还需要考虑寄存器设置，初始化数据库架构，设置 Web 服务器，启动进程——在没有人工干预的情况下，需要从头开始做所有的软件构建和测试。（Shore and Warden 2007）

这里最需要当心：确保开发环境、预部署环境和现场环境尽可能一致。考虑到很多原因，比如软件许可证和速度，可能无法照搬所有的组件。但仍然可以用模拟器来模拟真实环境。或者，如果无法拷贝所有的现场数据集（考虑到如果现场数据集规模太大，为了节省时间），至少需要在确保数据一致性的前提下，提取部分现场真实数据用于开发环境中。

为什么这个工作如此重要？在现场环境中反复进行发布排练，系统测试每天都在进行，而不仅仅是在补救时间非常有限的整个产品发布的最后阶段。

预部署环境

如果说开发环境应该模仿现场环境，预部署环境就应该和现场环境完全**一致**，包括完整的数据库和将在现场环境下交互的所有第三方产品模块。

在这个环境下可以进行进一步的集成测试，而且这也是进行性能测试的首选。

持续交付和 Scrum

在敏捷社区里越来越多的人开始接受"持续部署"（Continuous Deployment）或"持续交付"（Continuous Delivery）这样的方式。虽然这两个概念经常混用，但《持续交付》一书的共同作者之一Jez Humble 解释了两者之间的不同：

> 持续部署意味着持续交付，但反之则不尽然。持续交付是把交付时间表交由商业控制，而不是由 IT 来控制。实现持续交付意味着你确信你的软件在整个生命周期中随时可以应用于现场——任一构建都**可以**按个键就通过全自动的过程在几秒钟或几分钟内交付给用户。（Humble 2010）

所以，持续交付确保每个构建都**可以交付**给用户，而持续部署则确实将每个变化都交付给用户（有时一天好几次）。

我之所以要解释这些方法，是因为我想消除一些神话。第一个神话说持续部署/交付和 Scrum 是互斥的。有时，我有这样的感觉：如果使用 Scrum，你就只能在每个 Sprint 的最后交付软件。事实不是这样的。Scrum 要求在每个 Sprint 的最后有可交付的产品增量，但是并不意味着你就不能在 Sprint 中交付，只需把它作为完成标准DoD 的一部分（如果它适用于整块板上所有用户故事的话）或某个用户故事验收标准 AC 的一部分，如果它有交付的迫切性的话。

另一个我常听到的神话是 Scrum 强制要求每个 Sprint 结束时一定要有一个版本发布到现场。这也不是真的。持有这种迷思的人需要仔细甄别一下"交付"和"可交付"两个词的区别。Scrum 没有说你一定要在每个 Sprint 结束时交付一个版本，但它说你应该尽你所能保证有可交付的版本。

千里之行，始于足下

找个地方开始吧。我知道就算你看完这个捷径中对自动化的简单介绍，也会觉得这一切听起来就难。如果真的有这种感觉，没关系，对于自动化来说，有一点总胜于一点也没有。有单元测试胜于没有单元测试。30分钟的自动构建胜于好几个小时的手工构建。

如果刚接触自动化，我建议每个 Sprint 分配一定比例的容量来逐步实现它。从 CI 开始，然后自动化其他的构建。再下一步，集中精力将新添加的重要代码的单元测试自动化，然后扩展到所有的代码。再往后，可以考虑用完整的功能测试来改造旧的代码。

选择权在于你。但是，无论用哪种方式，找个地方开始，记住一点：如果没有自动化，你会损失时间，而且更糟糕的是，你得依赖容易犯错并时间有限的人力。为了再强调前面 Shore 和 Warden 关于完美的引用，我引用《人月神话》作者 Frederick Brooks 的经典论述来收尾：

> 人类天生就是不完美的，而且人类活动几乎也没必要处处十全十美。而学习编程最大的困难是，需要按照需求来调整自己以变得尽量完美。（Brooks 1995）

结语

本章三个捷径所讨论的战术、工具和技能着眼于团队如何跟踪和管理 Scrum 项目中的软件错误。让我们回顾一下。

捷径 16：见鬼！Scrum 代码错误

- 代码错误和问题（issue）之间的区别。

- 一组需要考虑的代码处理原则。

- 在 Sprint 内跟踪和管理代码错误的方式。

捷径 17：我们仍然青睐测试人员

- 测试人员角色的演进。

- 专业测试人员对高效能 Scrum 团队仍然重要。

- 测试人员应该关注的关键功能：提供咨询、设计和探索。

捷径 18：自动化王国

- 自动化对防止滑回到瀑布模式的重要性。

- 自动化的一系列起点。

- Scrum 和持续交付完美结合。

第 7 章

监控和指标

只有频繁的调整以及细小的微调才能确保 Scrum 项目在正道上。还好，Scrum 的各种核心 Sprint 活动提供了定期监控进展的机会。一系列仔细挑选的指标、监控板和团队同步实践对随意的观察也起到了很大的帮助。

下面三个捷径关注的是一些有助于你评估项目进展状况的技术和工具。

捷径 19：有意义的指标提供了一系列有成效的指标，可以用来评估项目进展。**捷径 20：出色的站会**则分享一些确保每日站会不会变成没完没了恳谈会的诀窍。最后，**捷径 21：优化任务板**提供了可以最大化团队可视信息价值的建议。

捷径 19：有意义的指标

你已经引入 Scrum，团队也已经准备好，开始 Sprint！诸事进展顺利，直到有一天高管中的一些聪明家伙跑来说大致这样的内容："这么说来，这整个 Scrum 在理论上听起来很棒，但你们有没有什么指标能反映出它实际上真的有多有成效？"

不管你喜不喜欢，人们就是喜欢测量和比较，所以谈到指标时，无论怎样，早早晚晚都要面对。在这个捷径里，我会就在实现 Scrum 时哪些指标有实际意义提供一些建议。

指标的种类

关于指标，我最重要的建议就是只能出于善意而使用它们，而不是出于恶意。考虑到没有已经制定好的、全球通用的关于"善意指标"和"恶意指标"的定义，我提出以下定义。

- **善意指标**：用来作为团队识别大致进展的信号，而且更重要的是，帮助团队检查和调整流程并不断提高。

- **恶意指标**：用于微观管理个人业绩的僵化指标，而且更重要的是，用于打击人和抹杀士气。

我把指标分成下面两个大类。

- 用于 Scrum 项目的指标（这个捷径的关注点）

- 更广阔的 Scrum 推广的指标（捷径 28 的关注点）

四个有意义的指标

下面几节谈谈我觉得特别有用的四个项目相关指标：

- Sprint 燃尽图

- 增强型交付燃尽图

- Sprint 干扰

- 补救关注点

Sprint 燃尽图

Sprint 燃尽图是用来帮助跟踪当前 Sprint 进度的预测性指标。

它怎么生成的？

Sprint 燃尽图是用以下方法生成的。

1. Sprint 的每一天，将当天所有 Sprint 列表任务的剩余时间之和标为一个点。

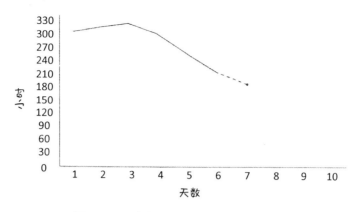

图 7.1　一个每天更新的 Sprint 燃尽图

2.　将每天的点和前一天的点连起来（参见图 7.1）。

什么时候生成？

Sprint 燃尽图在 Sprint 每天结束时生成，不包括最后一天，因为那天用来进行 Sprint 检查、Sprint 回顾及下个 Sprint 的计划会（参见捷径 8）。

说明什么？

Sprint 燃尽图指标是 Scrum 团队用来管理工作流和跟踪进度的日常标尺。

如果图形趋势落后于计划（参见图 7.2），则可能表明以下几点。

- Sprint 列表加入了新的（而且是 Sprint 计划会时没预见到的）任务。

- 有些任务的估算不正确。

- 团队成员安排了计划外的休假。

- 有障碍影响了进度。

当然，也有可能四个原因同时出现而造成延迟。

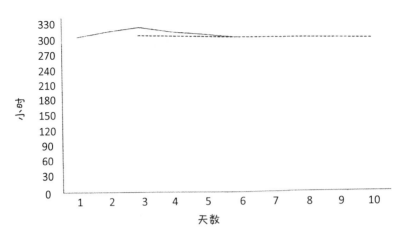

图 7.2　团队进度明显比计划落后，可以和产品负责人讨论减少内容

许多团队根据 Sprint 计划会的结果，简单地从 y 轴顶端到 x 轴的末端画一条对角直线（理论上的），作为实际燃尽图的基准。我建议小心应用这种方式，因为它很容易让人对进展产生不准确的印象，因为 Sprint 进度很少和这条理论上的直线每天保持一致。很多燃尽图曲线一开始几天是上升的，因为团队在全速前进之前经常有一些新的发现。如果只看理论曲线，项目干系人可能会误认为项目刚启动一两天就开始落后于进度。

怎么基于它采取行动？

如果 Sprint 燃尽图清楚显示团队不能完成 Sprint 的目标，除了尽全力消除障碍（参见捷径 9），还需要和产品负责人讨论可以去掉哪些内容。如果延误是由于任务估算不准确，就分析估算错误的原因，力图提高下一个 Sprint 计划的准确性。

如果 Sprint 燃尽图快速下降并可能提前完成 Sprint 列表（参见图 7.3），会给人描出乐观的景象（信不信由你）。如果是这种情况，燃尽图会提醒产品负责人准备后面的产品列表详细条目（参见捷径 11），以免下一个 Sprint 计划会之前无米下锅。

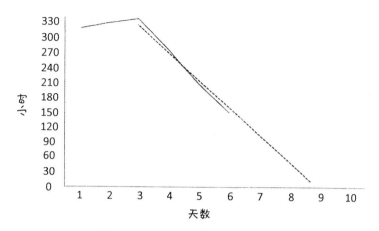

图 7.3　团队进度明显比计划提前，可以和产品负责人讨论增加内容

增强型交付燃尽图

增强型交付燃尽图（Enhanced Release Burndown）的推出是受到了 Mike Cohn 的"替代性 Scrum 交付燃尽图"[①]的启发。

它是怎么生成的？

增强型交付燃尽图是用以下方法生成的。

1. 在每个 Sprint，标出下个交付的产品列表的所有条目（PBI）剩余点数之和。

2. 根据第一步的数据点信息，画出趋势直线。

3. 在每个 Sprint，标出项目开始之后新加到产品列表中的 PBI 点数之和（用 y 轴的负值来表示）。

4. 根据第三步的数据点信息，画出趋势直线。（参见图 7.4）

什么时候生成？

增强型交付燃尽指标是在每个 Sprint 结束时生成的。

---

① 要想了解 Mike Cohn 对替代性 Scrum 交付燃尽图的更多描述，可访问 *www.mountaingoatsoftware.com/scrum/alt-releaseburndown/*。

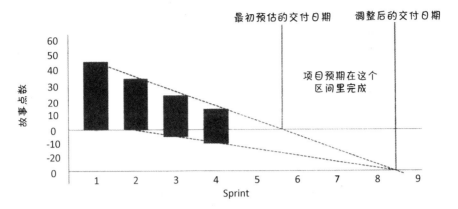

图 7.4 一个增强型交付燃尽图，每个 Sprint 后都要更新

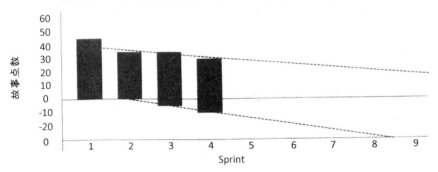

图 7.5 这个交付可能永远看不到尽头的不祥预兆

说明什么？

这个指标表示出开发团队的进展速度与开发范围变化速度的比较。两条线的交汇点（希望有这个点）大致表示出需要多少个 Sprint 来完成交付。如果两条线平行（或是发散），就说明这个交付永远也做不完，需要改进实践/消除障碍或削减范围（参见图 7.5）。

怎么基于它采取行动？

如果两条线不相交或无法接受预计的交付时间，就需要提高进展速度（通过改进实践和/或清除障碍）或需要削减内容范围。

Sprint 干扰

Sprint 干扰是帮助团队了解自己 Sprint 容量的生产力指标。

它是怎么生成的？

Sprint 干扰是用以下方法计算的。

1. 每个 Sprint，标出任何一个团队开发人员花在任何非 Sprint 列表任务上的时间总和。

2. 基于第一步的数据点，画一条趋势线。（参见图 7.6）

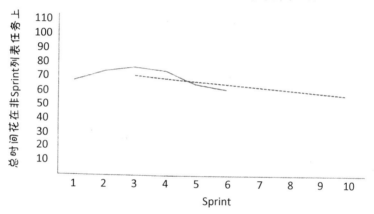

图 7.6　确保记下这张图的趋势，为下个 Sprint 计划会估算团队容量提供帮助

什么时候生成？

Sprint 干扰是在每个 Sprint 计划会上生成的。

说明什么？

通过统计以往 Sprint 花在计划外任务的时间数据，该指标可以帮助估计下个 Sprint 的潜在 Sprint 容量（即开发团队可以花多少时间做 Sprint 列表中的任务）。这对制定基于承诺的 Sprint 计划特别有帮助。

怎么基于它采取行动？

在任一个 Sprint 中，总有一些组织外部事务难以回避。这个指标用来量化这些事务，而且可以间接用来识别哪些是不可避免的突发事件（比如公司会议），哪些是可以避免的障碍（比如一直得修理拖后腿的机器）。

补救关注点

补救关注点是一个质量指标，帮助团队衡量比较花在新需求上的工作量并有多少工作量花在补救代码错误上。

它是怎么生成的？

补救关注点是用以下方法生成的。

1. 每个 Sprint，标出总速率（所有 PBI 的点数，包括新功能和修复代码错误）。

2. 每个 Sprint，标出修复代码错误工作的点数。

3. 基于第 2 步的数据点，画一条趋势线，如图 7.7 所示，这表明质量在改进。团队总速率不变的情况下，花在错误修复上的时间在减少。

什么时候生成？

补救关注点是每个 Sprint 结束时生成的。

说明什么？

这个指标通过测量每个 Sprint 修复错误上所花工作量相比开发新功能需求工作量所占的比例来监视产品质量的波动。

此外，通过量化分析总速率的构成比例，可以进一步理解和认识大局。比如，总速率上升，表面上看似是一个正面的提高。但是如果用于修复错误的工作量也上升，就表示质量水准在下滑，应该重新审视 DoD，参见图 7.8。

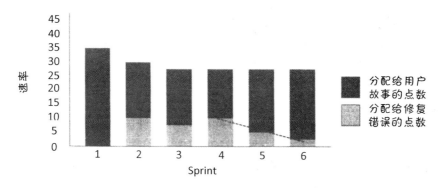

图 7.7　这表明质量在改进

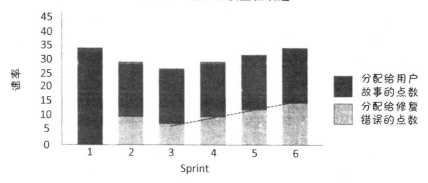

图 7.8　即使团队总速率提高，也不全是好消息，因为质量下降了

在这种情况下，总速率的提高实际上是因为团队修复自己的错误时更拿手。（一半是挖苦，一半是恭维）

怎么基于它采取行动？

如果修复错误所花的时间不减少，就清楚表明产品内在质量不足。这需要鼓励团队重新审视自己的完成标准的定义（DoD），以此来提高质量方面的要求。

当心分析麻痹

这四个指标仅仅是可用于 Scrum 项目中各种指标的一个子集。但是要当心：不停生成新的指标（仅仅因为你能生成指标）可能让你染上 Scrum 一直与之战斗的一种疾病，即分析麻痹症。

最后再强调很重要的一点：使用指标一定要谨慎，要出于善意，而不是恶意。指标的目的是帮助团队改进实践，绝对不是微观管理和个人绩效考评。

捷径 20：出色的站会

你要是随便找个销售部的人问 Scrum 是什么的话，除了提到五颜六色的、被便利贴装饰着的任务板（参见捷径 21），他们最容易提到的就是每日 Scrum，又称团队站会。

每日站会就是团队的脉搏。健康的脉搏稳定、持续而又轻快。在这个捷径里，让我们看看有什么秘诀可以用来保证站会就像钟表的发条装置一样"有声有色"。

时间和地点

最重要的第一条：我强烈建议每日站会站着举行，而不是坐着。这是个微妙的区别。站立这个动作给团队一种活力感，可以开启新的一天；而且它可以保证会议简短高效，免得大家站得腿发酸。

我不替团队安排站会时间：时间如何安排应该由团队来决定。不过，要鼓励大家找到一个适合所有人且越早越好的时间。当然，如果团队成员不在一起，可能要考虑时区问题。

时间一旦确定，就可以强调一些规则。下面是我喜欢的三条。

- 每次开会一开始，先标记迟到的人。

- 任何人迟到，如果没有事先请假，没有正当的理由，没有特别搞笑的借口（能让每个团队成员大笑），就要投钱到存钱罐里（可以用作约定的慈善捐款）。

- 每日站会应该看上去像是紧密的圆圈（或围绕着任务板的半圆），而不是没固定形状的一团（参见图 7.9）。

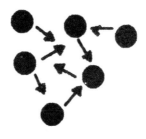

图 7.9 站会应该看上去像一个紧密的圆圈（或半圆），而不是随机的一团

会议内容

每个开发人员在站会上需要回答以下三个典型问题：

- 我昨天有哪些进展？

- 我希望今天获取什么进展？

- 是否有任何障碍阻碍我的进展吗？

虽然这些问题看上去很简单，我仍有一些诀窍让站会更富有成效。首先，每个人在讨论进展时，都要基于任务板上的任务。这样做可以确保任务板始终反映最新情况（如果谁前一天晚上忘了更新任务板的话）。

实践中，每个团队成员应该只用 30 秒来回答这三个问题。但问题在于，每天总有一两个变化会引发讨论，最后把团队拖入辩论的黑洞（直到站半个小时后才发现每个人都两腿酸麻）。站会很容易被具体的细节讨论所绑架。所以我强烈建议你一旦感觉到讨论跑题的倾向，就立即指出："会后讨论"或更委婉，慢慢举起你的手。可以说："我知道这是很重要的讨论，但让我们先过完所有的更新。需要加入这个讨论的人可以会后留下来继续讨论。"

GIFTS

敏捷咨询师 Jason Yip 用便于记忆的缩写 GIFTS（Yip 2011）来解释站会的目的。

好的开始（Good Start）——意味着站会应该带来活力，而不是带走活力。活力通过逐步灌输目的意识和紧迫感来获得。

改善（Improvement）——我们不可能解决我们不知道的问题，所以站会的大部分时间是用来暴露可以帮助我们改善的问题，然后我们才能改善。不过改善不光是解决问题。分享更好的技术和想法也很重要。

专注（Focus）——站会应该鼓励专注于在板上移动的任务来完成我们的目标，而不是鼓励毫无意义的活动。

团队（Team）——高效团队建立在不断的沟通、工作和互相帮助之上。这也离不开互相帮助共同克服困难的团队成员。

状态（Status）——回答两个问题：

● 工作进展如何？

● 团队还需要知道什么有趣的事情？

多个团队

项目里可能有多个团队同时工作，共用一个接口（技术上和沟通上的）。这种情况下一个普遍的方式就是开 SoS（Scrum of Scrum）站会（各个团队代表参加的额外的站会）。这是个好的选择，但我个人更喜欢站会大使的做法，也就是说派团队中的一个人作为观察员参加其他团队的站会，看有没有任何争论和经验教训（参见图7.10）。这样做可以减少潜在的沟通断点。大使通常由每个团队最资深的开发人员担任。当然，这需要错开每个团队的站会时间来保证每个大使都可以参加。

忽略 ScrumMaster

我喜欢 Ken Schwaber（2004）对站会的描述。他说站会是团队简短"社交和同步"的机会。这不是团队轮流向 ScrumMaster 和产品负责人报告的微观管理会。我经常发现有些团队成员习惯于只向 ScrumMaster 介绍情况。如果你看到团队成员只看着 ScrumMaster，那你可以慢慢转身，或是抬头看着天花板，我发现这个行动上的暗示可以迅速帮助团队改掉坏习惯。

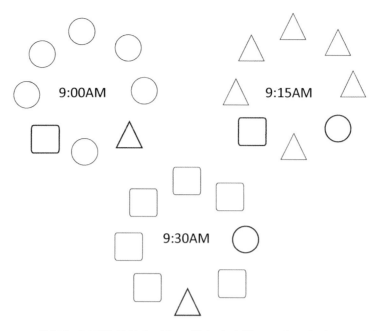

图 7.10　错开每个团队的站会时间，让各个大使可以参加各个团队的会议

额外的接触点

我建议在站会正式开始之前，鼓励（但不是生硬地设计）一些轻松的玩笑——在一天开始之际，让大家感到轻松正面的氛围总是好的，千万不要让人感觉像是军训时点名。

我也喜欢将站会作为惩罚构建破坏者的场所。团队可以充分发挥想象来考虑用什么方式实施惩罚（参见图 7.11）。有的想法相对平淡，比如在显示器上闪现罪魁祸首的姓名。比较极端的办法则包括将发霉的面包放在犯错者的显示器上（Keith 2010）当然，这在使用平板显示器之前要容易得多！我一直喜欢的方法是在两者之间，比如让出错方戴一天澳洲牛仔帽。（包括吃午饭的时候！）

每日站会的发言顺序可以固定下来，所以我引入一些随机因素让每个人都保持警醒。比如，可以带一个小足球，让大家以任何顺序传递；如果谁走神了（或一点都不会踢球），可能会因为漏了球而感觉到一点小尴尬。

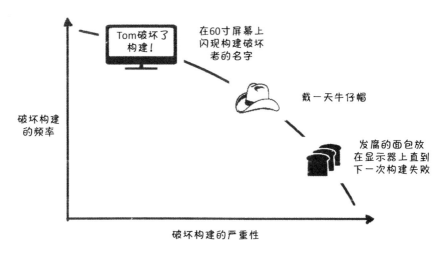

图 7.11　对构建破坏者的"惩罚"可以从平淡到夸张

它已声名远扬！

我已经看到站会的光明未来。和任务板一样，它是最流行的 Scrum 元素，而且在非软件团队中也有很大的影响。甚至主流媒体《华尔街日报》（Silverman 2012）也报道过它的日益普及。

每日站会很简单，但如果使用不当也很可能变成每日混乱！所以，要试试一些防止混乱的诀窍，而且不要忘记康威定律：

> 设计系统的组织……它们所产生的设计总是局限于对其组织沟通结构的复制。（Conway 1968）

捷径 21：优化任务板

对于坐在 Scrum 团队外围的人，显眼的团队任务板可能是 Scrum 项目最好识别的元素。摆放在团队的中心，这个五颜六色的、被便利贴装饰着的任务板几乎是 Scrum 的标识。随着任务板的普及，变化也越来越多，目前，不论是白板的构造，还是组成的要素，都变化纷繁。如何创建 Scrum 板其实没有对错之分，不过我对此态度鲜明！

数字任务板还是实体任务板？

从个人来说，我第一次看见实体的 Scrum 任务板时有一些困惑，用这么没科技含量的、纸做的便利贴、马克笔，还有粘纸！作为时代弄潮儿的技术高手回头用这些过时的工具，而不是用崭新、超大的显示器投出光滑的图标？这个问题的回答很简单：人的心理。任务板的先驱在把简单的实体板作为事实标准时肯定都明白自己在做什么。

当你站起来走到板前（真的没有多少运动量），把代表任务的便利贴移到"完成"一栏时，满足和愉悦之情肯定会油然而生。我觉得这个动作的内在"仪式"触发的是我们天生的成就感，因为这对我们所完成的工作做出了看得到的认可（特别在我们这个软件行业，大多数工作成果对别人来说是不可见的）。而且，也把工作环境布置得更多彩，更有活力，对吧？

老式学校需要的材料

建立一块任务板，需要下面这些材料：

- 一个大白板/墙壁/玻璃隔断

- 刷墙用的蓝色胶带（用来画列）

- 长尺（用于对齐行）

- 白板马克笔（也是用在行上）

- 便利贴（两种颜色）

创建列

纵列可以设计成多种形式。我喜欢下面这一种：

未开始| 进行中 |可验证 | 完成

便利贴组成的行

每行代表 Sprint 列表条目，包括这个 Sprint 中关注的 PBI（以及对应的任务）。不要用胶带来隔行（只用来隔列），因为每个 Sprint 行明显都有变化（要是每两三周重贴一次，会很麻烦）。基本上，每行包含一个 PBI 及其对应的任务。

每个便利贴代表一个具体的任务。尽量让每个任务都"垂直"，独立可测试；否则，"可验证"列对任务来说就没有意义了。关于拆分任务的详细流程，可参见捷径 8。

便利贴的内容

如果同时还用软件来帮助管理 Scrum，会发现很容易做过头，从感到便利贴上记录的细节不足，变成浪费时间复制（已经以数字方式记录下来的）细节。诀窍是信息恰到好处，使任务能被识别。我建议便利贴上包括任务编号（软件自动分配的）、任务负责人的缩写、几个任务描述词以及剩余时间（参见图 7.12）。

任何计划外的工作都应该记录在任务板上，不过我建议使用不同颜色的便利贴（参见捷径 12）。这样可以清楚看出 Sprint 计划会在流程方面有哪些地方需要改进。

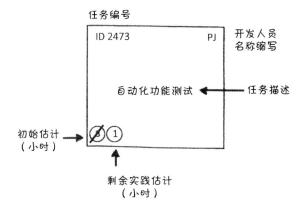

图 7.12　便利贴上的内容（范例）

生成燃尽图

我是 Sprint 燃尽图（参见捷径 9）的粉丝。如果正在用 Scrum 软件，应该能每天自动生成燃尽图。不过，即使有这样的选择，我还是喜欢手工更新燃尽图。手工延伸燃尽图上一天的进展所花的时间比重新打印一张图的时间还短。此外，我很享受在站会正式开始前当着全体队员的面更新燃尽图这个仪式，因为我觉得让大家增加一些预期是很有帮助的！

一些重要的装饰

还可以考虑用大号字体打印一些物品并把它们贴在板上。

Sprint 目标

Sprint 目标（参见捷径 8）是团队想要达到的目标，所以如果不把它醒目显示出来，就说明有些懈怠，甚至可以说玩忽职守。

回顾会议的目标

上个 Sprint 回顾会议后，团队应该确定下一个 Sprint 应该优先考虑的流程改进活动（参见捷径 23）。当团队全身心关注实际的功能性工作时，很容易把这些活动抛之脑后。但如果把这些活动丢在一边，团队肯定会重蹈覆辙，而持续改进会变为事后的追悔莫及。虽然见过有团队用单独的任务板来记录回顾相关任务，不过我还是建议将这些目标打印出来并贴在项目墙上。

定义和原则

如果项目第一次用 Scrum，而且刚开始，团队就需要吸收很多新的信息。要知道，老的流程和定义已经根深蒂固，改变并不是一朝一夕的事。为了和旧习惯斗争，把新的参考元素（比如障碍，参见捷径 9）和代码错误/问题，参见捷径 16）的定义打印出来很有帮助。

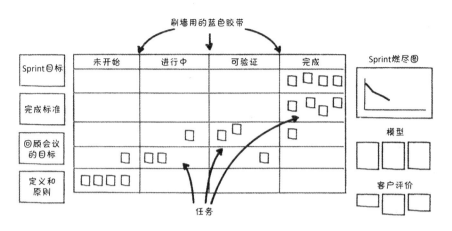

图 7.13　任务板在重要装饰物的映衬下显得光彩夺目

保持真实！

开发项目刚开始，各式各样的用户故事还没有演变融合成包装得漂漂亮亮的产品时，团队有时可能会看不到全局和最终目标。下面几个建议有助于团队保持全局视野。

大致的模型

在很多情况下，在新的 Sprint 开始之前，产品负责人需要开发一些关键用户接口的大致模型（即使只是手绘的素描）。不管这些图多么粗糙，把它们贴在任务板旁边都是很有帮助的，因为这可以不断提醒每个人关注全局。

客户评价

除非团队是在创业公司里做第一个产品，否则总有一些客户赞赏你们的产品（否则你该在家里玩 Xbox）。无疑，这些用户有时反馈说他们喜欢或不喜欢产品的哪些方面。也许你听到这样的说法："我喜欢 ABC 产品的简洁"或"产品 XYZ 比你的竞争对手反应更快速、灵敏。"为了延续成功，记下这些用户信号是绝对明智的。我们经常看到优秀产品因为偏离当初受欢迎的核心特质而丧失竞争优势。

根据我的一手经验,当产品负责人或其他干系人想加一些花里胡哨的东西时,这些用户的评价可以起到很好的监督作用。

派对时间!

经过一个特别困难的 Sprint 之后,终于可以兴奋地把所有的这些便利贴丢入垃圾桶了。如果把它们丢进垃圾桶可以为你疗伤的话,也无妨。否则我建议你把它们收在抽屉里,用来装饰最终交付派对的房间,营造出一种怀旧感!(或者可能是恶心感)

虽然任务板目前可能被看作是敏捷所独有的工具,但我经常和其他行业的领袖讨论到它的功效,比如法律界或学校教育。我相信这些五颜六色的板很快就会风靡全世界!

结语

本章讨论的三个捷径集中于一系列技巧、工具和窍门来帮助你评估项目进展。让我们回顾一下。

捷径 19:有意义的指标

- 善意指标和恶意指标。

- 一组有意义的指标:Sprint 燃尽图、增强型交付燃尽图、Sprint 干扰和补救关注点。

- 避免过度度量的重要性。

捷径 20:出色的站会

- 每天站会要素:何时,何地,要做什么。

- 通过各种方式同步多个团队的信息。

- 解决站会的常见问题。

捷径 21：优化任务板

- 决定用数字任务板还是实体任务板需要考虑的因素。

- 如何设置实体任务板？

- 考虑用额外的工件来装饰任务板。

第 8 章

回顾会、审核会和风险

谢天谢地，需要做繁重的验尸报告（因为在项目最后才进行而没有啥用处）的日子终于一去不复返！相反，我们的 Scrum 项目选择在每个 Sprint 结尾时都对产品和流程做审核和调整，从而确保及时化解风险，而且能将学到的教训及时应用于工作中。

下面三个捷径提供一些建议，以帮助 Sprint 审核和回顾取得最显著的成效。

捷径 22：Sprint 审核会的任务事项关注于在公开的 Sprint 审核时要采取的步骤，确保团队不会小看自己。**捷径 23：不可或缺的回顾**建议了两种有效的回顾技巧以及一些关注点。**捷径 24：勇担风险，敢于犯错**则讨论为失败创造安全环境的重要性，因为这是开放和创新文化的摇篮。

捷径 22：Sprint 审核会的事项

警告：从表面上看，Scrum 活动既简单直接。但要注意，如果不精心准备，你在这个会议上可能只能看到有人狂怒地拍桌子，有人却委屈得掉眼泪。

不过就是向干系人展示上两周做的东西而已——听起来很简单，对吗？根据我的经验，简单的 Sprint 审核会向来都是很罕见的。事实上，我认为最需要小心对待并需要精心引导。

最核心的问题是如何统一团队外部形形色色的干系人的期望值。这些人在业务上通常比开发团队更资深。但显然不像团队那么熟悉项目。这里不想以偏概全，但他们经常注意力有限，甚至还有注意力缺乏障碍！

Sprint 计划会议期间

其实在进行 Sprint 计划会议（参见图 8.1）时，就要开始准备 Sprint 审核会。在计划会时，团队一定要确认 Sprint 审核的相关准备任务，包括：

- 准备一些基本演示数据

- 准备演示流程脚本

- 确保演示环境工作正常

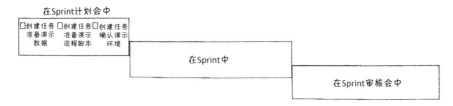

图 8.1　Sprint 审核的准备工作实际从 Sprint 计划会开始

你不希望团队在这些任务上花太多的时间，因为 Sprint 审核会不应该变成唬人的表演，不过这些任务是绝对有必要的。

在 Sprint 计划会上，还有几点要和团队强调。首先，Sprint 审核会演示部分应该在预部署环境下而不是某个开发服务器（更不应该是某个开发者个人的机器）。这不是一个华而不实的演示，团队应该证明他们开发的产品是可交付的。

其次，虽然团队在这个会议上需要放松，但仍然要认真对待。在 Sprint 审核会议期间，团队和 Scrum 的功效展示在平时没有机会接触到的干系人面前。

在 Sprint 期间

一旦进入 Sprint，ScrumMaster 和产品负责人就要基于预期的 Sprint 审核开始准备检查表（参见图 8.2）。需要考虑地点、邀请、让人头疼的参加者、演示人以及期望值。

图 8.2　在 Sprint 中，ScrumMaster 和产品负责人准备检查表

地点

确认 Sprint 审核的地点。确保会议室已经订好，而且配备好必要的设备。特别要确认有没有合适的投影仪、足够的座位、网络连接以及白板。最好测试一下设备能不能正常工作。没有比所谓技术专家在开会时却没法打开投影仪更让人尴尬的了。

会议邀请

确保会议邀请尽早发给相关的干系人。实际上，对于每次都要参加的干系人，应该有个长期有效的邀请。所以这只适用于偶尔受邀参加的干系人。

让人头疼的参加者

也许有一些特别的干系人让人感到头疼。他们习惯于站在舞台中央，提出毫无根据的或过分的批评。如果有干系人有这样"让人开心"的个性，建议在正式的 Sprint 审核之前，ScrumMaster 或产品负责人约一下他，给他做个简单的介绍，取得他的一些初步的反馈。人们如果觉得自己受到优待，通常不会那么有破坏性。我们不想粉饰我们的结果，但也要避免有人莫须有地打击我们的士气。

演示人

接近 Sprint 尾声时应该确定要演示的用户故事,确认团队已决定合适的演示人。可以是一个人,也可以是团队合作,这方面没有什么硬性的规定。

期望

一旦确定可以演示的用户故事,我就会建议群发邮件给所有参与者,简要介绍一下演示的内容。这么做是因为在项目早期的 Sprint 审核中,很少会有功能已配上炫目的用户界面而可以直接用于用户,因而导致一些干系人觉得意外,甚至有些不解。比如,通知他们这次 Sprint 审核主要关注不那么形象的技术架构,就有助于调整他们的期望值。

这封邮件也可以起到友好提示时间和地点的目的,善意提醒一下迟到者要负责给大家买咖啡!

在 Sprint 审核期间

以下诀窍可以帮你确保 Sprint 审核能够顺利进行(参见图 8.3)。

茶点

人人都爱吃零食。确保给参与者提供小吃和饮料。(如果非常担心审核会的效果,也可以考虑来一点烈性威士忌)。我发现一个很有趣的事实:评价是正面或负面,经常取决于膳食供应。所以别忘了照顾好每个人的胃!

场景设置

当每个人都各就各位坐好,开始一边享用茶点一边闲聊,产品负责人就要利用这个时间介绍当前 Sprint 的目标并重申演示内容。如果是项目早期的 Sprint,不妨再向干系人解释一下完成标准(DoD)。

図 8.3　Sprint 审核会的注意事项

障碍

在场景设置好之后，也可以趁机机会好好讨论影响当前 Sprint 的任何障碍，包括出现的原因以及应对之策。如果有系统性的障碍，就要去争取更多的支持。比如办公室环境，可以趁此机会好好加以改善，也许你希望有更大的桌子，更多活动空间，但在和后勤部门打交道时碰到了问题。

此外，我还建议趁此机会简要介绍一些已实现的流程改进及其对达到 Sprint 目标的帮助。用不着说太多细节，但可以趁此机会让干系人认识到团队持续改进的好机会。

演示本身

演示 Sprint 工作成果鼓励业务人员和 Scrum 团队之间相互对话，而不是单向的展示。演示本身应该是开放而诚恳的讨论，专注于已完成和即将演示的工作成果。

记住，这个会议不是用一堆华而不实的 PPT 来打动干系人。（除非你本身就在开发 PowerPoint①或是 Keynote②！）任何误导性的演示最终都会让人觉得你是在搬起石头砸自己（团队）的脚。

审核预览

Sprint 审核有一条基本宗旨，即团队应该只展示满足完成标准的用户故事。这很有道理，但这样也可能让某些干系人很沮丧，并且在

---

① 关于微软 PowerPoint，参见 *http://en.wikipedia.org/wiki/Microsoft_PowerPoint*。
② 关于苹果 Keynote，参见 *http://enwikipedia.org/wiki/Keynote_(presentation_software)*。

现实工作中团队可能因为迫于压力而需要展示还没有完成的功能（即使离完工还有相当距离）。

如果碰到这样的情况，我建议不要太教条，可以加一个"即将发布"议程。就像电影的预告片一样，我们承认这些工作还没有做完，但可以让干系人感觉到这些功能已经八九不离十，马上就要新鲜出炉了！

休息和电话

如果会议时间超过一小时，我建议每隔 45 分钟安排一次 5 分钟的休息以保持关注度。但是，要当心这些患有注意力缺欠障碍的"小狗"很容易在走廊上被人劫走。不要让他们走远了。

而且，虽然很难执行，还是要尝试让每个人在门口上交他们的黑莓手机[①]。（如果这本书出版的时候大家还在用黑莓手机的话。）唯一的问题是可能你需要雇一个全副武装的保安把智能手机从这些干系人的手里撬下来。或者至少要在会议开始时宣布："为了 Sprint 审核议航班的安全，我们请大家关掉所有电子设备。"祝你好运吧！实在不行，为会议中电话铃响个不停的家伙想出一个有创意的惩罚。

所谓的建议

毫无疑问，一系列问题和建议都贯穿于整个会议之中。我建议把问题限定在主题范围内。团队应该回答任何与所有演示内容有关的问题。但是如果问题有些跑题，就要留到会后处理，最好由产品负责人和相关的干系人召集单独的会议进行讨论。

将所有建议（不管听起来多么怪异）记在白板或是索引卡片上。运气好的话，干系人看到他们疯狂的主意被白纸黑字写在纸上后，会收回他们的一些"好主意"。当然，任何有价值的建议都应该（由产品负责人）加入产品更表，供进一步评估考虑。

---

① 关于黑莓手机，参见 *http://en.wikipedia.org/wiki/BlackBerry*。

郊游或激战

Sprint 审核可以变成一次郊游；或者反之，变成一场激战！这需要我们采取预防措施，认真对待每次会议，同时也从中享受到乐趣。不要想当然地认为干系人的背景知识和团队一样，确保总有人向参加者介绍现在正在做什么，为什么要做。这会使他们愉快得多。

这个游戏的关键就是协调每个人的期望，如果喜欢郊游胜过激战，达到这个目的非常重要！

捷径 23：不可或缺的回顾会

很不幸，当团队面临压力时，最容易想到的就是取消重要的 Sprint 回顾会议，直到情况缓和下来再重回正轨。甚至我自己早期做 ScrumMaster 时偶尔也会省略回顾会议。事实上，最具有讽刺意味的是，在有压力或事情进展不顺利时，回顾会议反而更有价值。所以，我们要遵守自己制定的纪律，在每个 Sprint 的最后进行回顾，不管别人的闲言碎语。

强化 Scrum 价值观

Scrum 的核心价值观很重要：开放、勇气、尊重、专注和承诺。这些价值观在 Sprint 回顾会议时得以充分体现。没有开放的氛围，你永远不会知道问题的根源；没有勇气，团队不会正视遇到的问题；没有尊重，团队不会提出建设性的批评；没有专注和承诺，团队不会在乎问题有没有得到解决。每个人都需要每时每刻牢记这些价值观。

如果 Sprint 时长是一周呢？

以前曾经有团队问我，他们的 Sprint 周期很短，只有一周，是否可以每两三个 Sprint 举行一次回顾会议（而不是每周一次）。我个人觉得一周的 Sprint 太短（参见捷径 8），但我不建议省略回顾会议，每次会议时间可以短一些，但仍然要保持每个 Sprint 都有回顾会议。

地点很重要

要创造开放的氛围，进行 Sprint 回顾的会议地点很重要。沉闷的大会议室和冷冰冰的红木长桌可能无法营造出你想要的氛围，说不定还会把回顾会议变得更像是审判庭。相反，我建议一些轻松的环境，比如咖啡馆、休息室（如果你们有的话）或者（甚至）厨房，因为那里有咖啡和零食，这些都是很好的选择！

准备工作

在理想条件下，你肯定希望团队在回顾会议前已做好准备，收集好问题和建议，以便可以直奔主题。我建议在会议前发一封邮件列出可能需要关注的问题，以此帮助团队进行准备工作。比如，常见的关键领域有以下六个：

- 交流

- 流程

- 开发范围

- 质量

- 环境

- 技能

我们来看看每个领域里可能触发的比较常见的改进行为。

交流

交流领域可能有以下改进。

- 修复产品负责人和开发团队之间脱节的交流（特别产品负责人不和团队坐在一起时）。

- 避免开发团队和外部干系人之间不必要且负面的交流。

- 解决团队内的沟通问题，特别是由于过于依赖文档（和邮件）而非面对面的讨论所引起的问题。

流程

流程领域包括以下改进。

- 升级软件、硬件和网络连接。

- 确认大家已经透彻理解和清楚定义了 Scrum 流程。

- 维护代码质量、源代码管理及部署流程相关的工程标准。

开发范围

开发范围领域包括以下改进。

- 确保在 Sprint 期间开发范围不会有大的变化。

- 保持所有用户故事和接收标准格式的一致性。

- 确保 Sprint 计划会的范围不被错误定义的或者不过于含糊。

质量

质量领域包括以下改进。

- 清楚定义和维护一致的完成标准（DoD）。

- 不断改进测试实践以实现更成熟的测试自动化。

- 确保程序员对被测代码有主人翁感，而不是把它扔给测试人员和/或产品负责人。

环境

环境领域包括以下改进。

- 保持协作工作环境不过于吵闹和不容易受干扰。

- 提供足够的空调或暖气。确保必要的舒适性。（50 个人共用一个微波炉！根本就不够嘛！）

- 保证有足够多的白板空间和其他促进合作的工具。

技能

技能领域包括以下改进。

- 当需要新技术时，可以提供足够的培训。

- 为新的团队成员提供入职培训。

- 需要时提供相关的专家咨询。

回顾会议的输出

在一切顺利的情况下，不难发现要解决的问题有还真不少。诀窍是不要陷入过于热衷的陷阱而宣称要在下次回顾之前解决所有的问题。相反，在确保记下所有改进建议的同时，集中精力关注为数不多的几个问题（比如一个大问题再加上两三个小问题）。说得多做得少特别容易失信于人。我们要少说多做！最后，把约定要采取的行动写在一大张纸上并贴在任务板旁边提醒整个团队。不过在公布这些行动计划的时候，请保持审慎态度。如果在纸上写着“把老是捣乱的项目发起人锁到笼子里”并把它贴到墙上，估计对你的职业前途没有什么好处！

回顾会议的形式

为了保持新鲜感，在项目过程中要考虑不停改变 Sprint 回顾的形式。可以运用有很多方式，但为了简洁起见，这里只介绍我最喜欢的两种方式：画圈法和冒泡法。

画圈法

画圈技术使用的是亲和图的一种变化形式。如果不熟悉亲和图，可以这样理解，它基本上是一个将松散无序的想法组织成组的图形工具。

在讨论这个技术之前,让我们先看一下在 Scrum 回顾会议中常问的四个经典问题:

- 我们有哪些是做得好的?

- 我们有哪些地方可以做得更好?

- 下次我们可以尝试些什么?

- 我们有哪些问题需要上报并寻求帮助?

我喜欢进一步将事情简单化,只问两个问题:

- 我们有什么地方可以改进?

- 我们有什么地方做得好?

回到我们要讨论的技术,首先需要在白板上画一条水平的标尺。最左边写上"需要改进"标签;中间写下比较中性的"OK"标签;在右边加上更加鼓舞人心的"做得好"标签。

现在为了继续保持 Scrum 的便利贴传统,给每个团队成员一沓便利贴,让他们写下各自的想法和发现的问题。完成后,沿着水平标尺把便利贴贴在白板上他们认为最合适的位置。这个步骤要控制好时间,以防我们陷入分析瘫痪状态。

一旦每个人都贴好便利贴,就可以给相似的条目归类。将反映相似想法的便利贴移在一起归为一组,再用一支粗的马克笔(能擦掉的,不然你发现的问题会永远留在白板上)绕着每一组画个圈(参见图8.4)。我们可以暂时忽略游离在外面的条目。大家所写的条目不反映几个共同的主题的情况是很罕见的。

一旦归类结束后,可以和团队简要讨论一下游离在外面的条目。通常,这些条目往往来自于误解或者缺乏理解,而不是因为观点上的冲突。

最后,作为一个团队,大家一起将画的圈按优先级排序(通常越往左边优先级越高),然后针对需要改进的领域,制定一个要在下一个 Sprint 执行的行动计划。

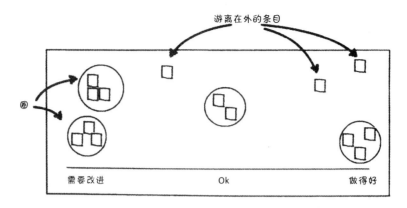

图 8.4　将相似的建议归类并画圈

因为以下几个原因，我很喜欢这种方式。

- 这种方式可以避免将把某个人处于难堪的位置（或者在聚光灯下）。

- 提供很多身体活动机会，可以让团队保持清醒和活跃。

- 这种方式很直观，总可以帮助增加更多乐趣。

- 团队通过观看归类好的便利贴组，可以立刻判断出它们对整个团队的优先级。

冒泡法

如果 Scrum 团队是新组建的，成员之间以前没有一起工作过，我绝对推荐你在前几个回顾中运用冒泡法。

冒泡法真的很管用，因为它鼓励合作，帮助每个人以自然的方式了解别人，而且，它也不会即时把某人处于难堪的位置。

那么，怎么用它呢？首先，在会议之前，为组里的每个人准备好纸和笔。

冒泡法在团队成员为偶数时最好用。不过即使成员个数为奇数，也能很方便地使用。为了便于示范，我们假设团队有八个人。

第一步要求每个人在纸上写下他认为最紧急而需要在下个 Sprint

关注的三个问题。建议这一步时间控制在五分钟以内。

第二步，每个人和一个同伴搭档（这儿显然你有四对搭档，不过如果因为团队有奇数个人，某一组有三个人也可以）；然后要求每组搭档再花五分钟，从共同的问题列表中选出优先级最高的三个问题。

你也许已经能看出来下面该如何操作了。下一步是将各组两两合并，形成两个大组，每组四个人了（参见图 8.5）。再来一次，每组讨论决定出各自的前三个问题。因为每组的人数更多了，所以我们可以稍微多给一点时间，但仍然要控制好时间。

倒数第二步是八人组一起讨论哪三个问题像"冒泡"一样冒到最上面。到这一步，你会发现每个人都不再拘束，随之而来就是健康、坦率的辩论。你们也可以从中决定下个 Sprint 应该关注什么。

不要忽视在前面环节发现的其他有价值的建议。相反，把它们记录下来，因为在以后的回顾会议中，这些信息可以帮助会议确立一个良好的起点。以前排在后面的建议在项目后期有可能变成最高优先级的关注点。

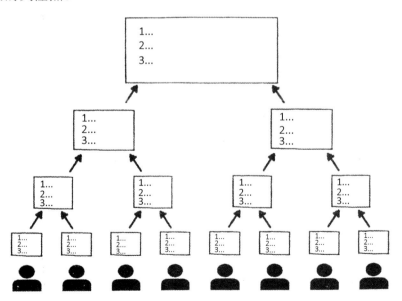

图 8.5 通过这个方法，最紧迫和最重要的问题就会浮出表面

最后，团队还可以接着采用同样的冒泡法来识别和认同成功的行为及流程，便于团队在下一个 Sprint 中明确保持。

老练的专业人士

如果你和久经沙场的 Scrum 老手一起工作，我建议你忘掉 Scrum 固定模式——除了矫情和做作，它没有什么用处。当团队可以安然面对自己的处境时，自然会作为一个团体表达出他们对当前状态的担心或喜悦。所以，只用带着纸和笔一起出去午餐或喝杯咖啡，闲聊一会儿就足够了。

回顾会议的参加者

在 Scrum 社区里，关于产品负责人应不应该参加回顾会议，总会有不同观点而产生一些分歧。我个人认为，产品负责人绝对应该参加，因为他是 Scrum 团队不可分割的一部分。不过虽然话虽如此，在你的团队变成一台运转良好的 Scrum 机器之前，有可能会出现沟通不畅的情况，特别是在开发人员和产品负责人之间。如果你感觉到任何紧张的气氛，我建议 ScrumMaster 在"正式"的回顾会议之外再组织一次没有产品负责人参加的非正式回顾会议。

保持新意

检查和调整是 Sprint 回顾会议的宗旨，它对团队的不断改进至关重要。有很多技术技巧可以应用到这个会议中，因此尽可随意变换方法来保持会议的新鲜有趣。Esther Derby 和 Diana Larsen 的《敏捷回顾》一书中提供了多种多样的方法可供使用。

最重要的一点，不管发生什么，不要取消回顾会议，它是不可或缺的！

捷径 24：勇担风险，敢于犯错

我的母亲是一位退休的幼儿园园长，对软件世界一点经验也没有。

尽管如此，她的人际交往的技巧绝对无人能比，是她成为一名杰出教育家的秘诀。现在，虽然和我亲爱的老妈聊工作中的技术元素（比如重构和代码检查）是徒劳的，但我完全可以无障碍地和她谈谈与沟通相关的 Scrum 元素，比如 Sprint 回顾会议和自组织团队。

我还记得她对我解释 Scrum 些可以帮助团队的"革命性"方法，比如频繁和坦率的回顾会议时人们的反应。她惊讶地回应："这有什么了不起的？这对我来说太显而易见了。"一开始我嘲笑她明显幼稚的评论。但事后再细想，我意识到她是对的！这绝对应该是显而易见的，到底为什么并不那么显而易见呢？为什么这会变成我们行业里相对新兴的元素呢？经过长时间思考后，我得出结论，这个问题的答案归于一个丑陋的怪物：

畏惧！

Scrum 的核心价值之一是勇气，这并不是一个巧合。要成功实现 Scrum，我们必须克服一系列畏惧。对畏惧的畏惧感很重要（请原谅绕口令一样的说法），因为如果团队总是仔细检查它的每个行动以保证不会犯错并挨板子的话，势必会带来减弱创新并推卸责任的文化，引起分析瘫痪。做过让大家提心吊胆的开场之后，我们看看怎样一起处理这一系列的常见畏惧。

害怕变革

这是人类典型的恐惧症之一，当我们从更传统的工作方式转到 Scrum 时，我们肯定是在做出变革，不是吗？比如说程序员做测试，每个 Sprint 都能交付的软件，跨职能并自组织的团队，更别说减少对项目经理的需求，这些方面随便就能列出一长串！

因此事情就是这样，变革让人害怕。它将人们推出舒适区，扰乱当前的情况，而且经常被许多安于现状的人视为对他们的威胁。一个悲哀的现实是无论变革有何收益，组织里总有人坚决反对。你最好了解并接受这个组织中的公理，否则总会发现自己一直生活在失望中。我同意《Scrum 敏捷软件开发》中提出的观点：

> 与其关注那些抵触或反对 Scrum 的人，还不如把你的时间和精
> 力用来帮助那些已经对 Scrum 有热情的人。（Cohn 2009）

我发现这是鼓起势头，进一步说服反对者的最好方法。

大胆变革

发起变革的真正关键是如何包装和宣传它[①]。没有几个人喜欢被迫转变，或颠覆性的变革。与之相反，我建议将变革描述为实验。告诉大家变革实际上是在严密检查下进行的，而不是一个既成事实。如果不见成效，团队会一起检查和调整。

理解可以安全失败通常可以缓解对变革忧心忡忡的人们内心的畏惧。

害怕曝光

一些开发人员喜欢一个人待在角落里专注做自己的事（不论好坏），而且可能对常规的工作检查很敏感和抗拒。对这种习惯于在封闭空间中工作的开发人员来说，问题在于 Scrum 到处都是常规检查，当然不是做间谍，旨在发现浪费或错误的行为。

检查工作（比如每日站会、Sprint 审核会议以及回顾会议）都可能曝光那些不愿意为团队出力的个人。（我故意用这个词。）这些坏家伙通常都害怕暴露，生怕他们身下的地毯被戏剧性地突然抽走，暴露出他们见不得人的工作。

大胆曝光

在澳洲长大，我们从小就受教育，知道在阳光下暴晒很危险。户外时间过长，得花好几天时间修复被晒伤、发红疼痛的皮肤。不过尽管这样，也不能对我们的生命之源太过苛刻。在室外短时、有节制

[①] 编注：关于引入变革，可以参阅《拥抱变革：从优秀走向卓越的 48 个组织变革模式》，作者 Linda Rising 和 Mary Lynn Mann，译者 Evelyn Tian（田冬青）。

的日光浴会使皮肤有美好健康的光泽并生成一定剂量的维生素 D。

Scrum 关注的是对产品和流程做有规律的检查，旨在获得健康的光泽，但又不至于被晒伤。护理晒黑的皮肤比护理晒红、晒伤的皮肤要容易得多。这和软件开发一样，如果我们能够频繁而尽早发现问题，就会更少碰到痛苦的意外，更少需要照顾和关注。

如果检查是以正面的形式进行，那么（真正希望把事情做好的）团队成员即使天生就爱戴着耳机待在角落里，也会喜欢参加这些活动的。那些坏家伙怎么办？嗯，你能够更早、更及时地发现他们，以免最后一颗老鼠屎坏了一锅汤！

害怕犯错

如果一个组织被相互指责、掩盖问题和内部冲突的文化所扭曲，很难接受 Scrum 或其他类似的经验流程控制框架。Scrum 就像一本打开的书，无情地揭示出软件开发中的错误。

对于这些组织而言，要意识到一个深刻的问题：软件行业（特别）是错误的温床，因为软件开发天生伴随着风险。Roman Pichler 在《Scrum 敏捷产品管理》中解释道：

> 因此，风险是软件开发固有的组成部分，没有一个产品可以在毫无风险的情况下开发并投入使用。风险和不确定性相互关联。不确定性越大，项目风险就越大。同时，不确定性是缺乏知识所造成的后果。我们对开发对象和开发方式知道得越少，不确定性就越高。所以知识、不确定性和风险是相互关联的。（Pichler 2010）

大胆犯错

一个简单的事实是最有价值的学习都来自于冒险和犯错。不相信我？那看看这个例子如何？《创业的国度：以色列经济奇迹的启示》的作者 Dan Senor 和 Saul Singer 告诉我们，以色列除了媒体描述中与邻国之间无休止的冲突以外，还有非常正面的方面。一个让人钦佩的启示是，这个小国尽管只有七百万人口而且战争威胁持续不断，但它却在纳斯达克股交所拥有最多高科技创新公司（仅次于美国和中国）。书中就其原因提出了一些想法：

> 以色列人的态度和随意悠闲也来自于以色列人所说的"建设性失败"或"聪明的失败"这种文化上的宽容。当地的投资人大都相信如果不能容忍大量类似的失败，则不可能实现真正的创新。在以色列军队里，有一种对成功和失败表现采用价值中立的倾向——不管在训练中，演习中，甚至在实战中。只要机智而不过于鲁莽地承担风险，总会有收获。（Senor and Singer 2009）

对我来说，这是在宏观敏捷中的真实写照，而且这在我自己和美国人及以色列人打交道中得到了加强与巩固。他们对所谓失败的宽容让人惊叹。如 Sher Moses（谢尔·摩西）在《悉尼先驱早报》中写到："在硅谷，人们庆祝失败，认为这是学习的机会。"（Moses 2012）我们澳洲人（和其他很多人一样）可以从这种对待冒险和犯错的积极态度中学到很多。

我喜欢一些软件公司的例子，比如脸书（Facebook）经常要求开发人员"第一周就把代码部署到现场"（Bosworth 2009）。这是一种聪明的心理学。它为团队里的新手提供一种暗示：不可能马上就到达完美的境界，错误可能发生，但这没有什么大不了的。尽快并安全地犯第一个错可以营造出一个"有心理安全感"的环境（Cohn 2009）。它能够让人觉得舒适，是培育适度冒险和创新的温床。

图 8.6 简单总结了种种畏惧以及团队如何自由自主地接受它们。

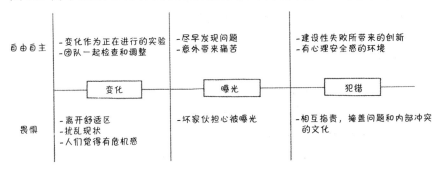

图 8.6　不管是对变革、曝光还是错误，每种畏惧都有与其对应的方法

放松心情

放松心情最有利于缓解畏惧。曾经有一次，我的工作环境就像是随时要爆炸的压力锅，公司的首席执行官（CEO）显然很希望犯了大错的团队放松下来，他笑着对他们说："这么看起来，好像又重演了一次见鬼的童话，是吗？伙计们？"这个简单的表达虽然对某些人来说有点粗鲁，但似乎总能让屋里的人放松下来，迅速发现解决方案。

团队成员之间公开坦率地讨论错误和弱点还有另一个好处，即可以促进团队成员之间密切的关系。这份公开率真可以让我们卸掉尽善尽美的伪装，承认我们人类天生会犯错的事实。

最后请记住，祸兮，福所倚。能够从错误和问题中吸取教训并争取机会的人必然能够很快完全走出畏惧，迎接新的生活。

结语

本章的三个捷径提供一系列的战术、工具和技巧来让帮助团队的 Sprint 审核会和回顾会取得最大的成效。让我们回顾一下。

捷径 22：Sprint 审核议任务清单

- 如何有效地准备马上举行的 Sprint 审核议？

- 避免将 Sprint 审核议变成单向展示很重要。

- 在 Sprint 审核议中要考虑的一些要素。

捷径 23：不可或缺的回顾

- 从来不忽略 Sprint 回顾会议的重要性。

- 两种有帮助的回顾形式：冒泡法和画圈法。

- 需要检查和调整的关键改善领域。

捷径 24：勇担风险，敢于犯错

- 建立安全失败的环境以保证坦诚的反馈很重要。

- 团队的典型畏惧。

- 一系列帮助团队克服畏惧的措施。

第 9 章

经理怎么管理

尽管 Scrum 框架没有明确描述和定义高级项目干系人、项目发起人及其他管理人员的具体参与和贡献，但这当然并不意味着这些角色不存在或他们不是项目成功不可或缺的一部分。

下面三个捷径提供一系列的方法把这些经验丰富的高级角色整合到 Scrum 框架中。

捷径 25：看法就是现实侧重于管理对 Scrum 不大熟悉的项目发起人的看法。**捷径 26：我的上帝我的神**①建议通过设置首席 ScrumMaster 这一角色在大型组织中协调多个 ScrumMaster 之间的关系。最后，**捷径 27：在矩阵中管理经理**详细介绍创建和维护一个以团队为中心的组织结构有哪些功效并讨论项目经理和职能经理如何与 Scrum 团队继续合作。

捷径 25：看法就是现实

我们在估算会议上玩规划扑克，用彩色便利贴装点办公室，我们不像圣诞节时惊慌失措的火鸡一样四处奔忙，而是每天团结一起，取笑某个戴着牛仔帽的家伙，因为他破坏了建构（参见捷径 20）。（"嗨，听起来好像为什么……，哦，别说出来，我懂，……太搞

---

① 译注：你必须服从的人，颇有些玩笑的意思。

笑了！"）

现在，虽然 Scrum 只正式规定三个角色：ScrumMaster、产品负责人和开发团队，但如果希望 Scrum 项目成功，最好快速学会如何与另一个重要的掌握着大多数项目财务大权的角色打交道，即项目发起人。

可悲的是，很多项目发起人都坚信生产率与员工开心度是互斥的办公室，尤其是没有软件知识背景的项目发起人。

在不愿意过分泛化的前提下，如果有一个（或更多）项目发起人曾经在命令控制文化下工作，他们可能觉得工作 18 个小时是常态，并且认为如果你看起来还没有累到快要第四次发心脏病发作，就说明还不够专注！基于这个原则，你可以想象一下，看到大家在正常的时间准点下班，听到原来不大相干的团队时不时地一起聊天，并且看到团队花时间做一些单元测试和重组等所谓的非功能性工作，他们是什么感觉。我来告诉你：最好的感觉是觉得不舒服，最坏的是愤怒。

尽管产品负责人应该是 Scrum 团队和更高级项目发起人之间主要的交流渠道，但作为 ScrumMaster，你也有义务不让项目发起人勃然大怒。要运用说服力来理解发起人的想法，调整团队的想法，保证大家有一致的期待。

建立关系

不要干等着比较正式的 Sprint 检验会议或只有在（更糟的是）紧急情况下才和发起人交流。相反，无论发生什么，都要积极主动地安排一个经常性的项目通气会，可以是午餐时间的短会或定期和发起人约着喝咖啡。在这些定期例会中，可以重申一下正在发生的正面变化，同时也可以评估一下发起人对项目的看法。

办公室政治可能是团队所面临的最棘手和最持久的障碍之一。如果有些办公室政治可能变成项目障碍，就要与发起人保持良好、稳定的关系，使自己有机会获取直接或间接的线索。一旦了解情况，就可以判断这是否会发生，何时会发生，如何应付。

参考点

有一个坚定而明确的整体项目目标总是有帮助的。当然，对 Scrum 而言，干系人如何看待这一目标是产品负责人的职责；但是，比较聪明的做法是确保发起人能够自始至终将足够多的信息作为产品概况的输入，就像产品的指路明灯一样。

为了创建概况，我建议用一个简单的产品"一页总结"。表 9.1 给出一个例子（灵感来自 Jim Highsmith 和 Pete Deemer）。

表 9.1　一个简单的一页总结产品概述

电梯演讲	为了……的用户，而不像……的类似产品
目标客户	1) 工作在……的人 2) 那些需要……的人 3) ……
主要功能	1) 和……分享内容 2) 关于……个性化的广告 3) ……
优势/区别	1) 比……更加准确 2) 和……更好地整合 3) ……
指标/目标	1) 每个月有 X 用户 2) 每个月有 Y 点击率 3) ……
主要里程碑	1) 版本 1.0 alpha 2) 版本 2.0 beta 3) ……
性能属性	1) 每秒钟 X 个请求 2) 同时有 Y 个用户 3) ……
权衡选择	1) 范围：灵活 2) 资源：确定 3) 日程：固定

发起人可能不熟悉新产品列表的细节，他或她对这个"一页总结"包括的概述感到非常满意。如果对某些需求的优先级有争议，最好的解决方法就是和"一页总结"中的内容做个比较，最一致的需求自然会胜出。

让发起人参与

我发现，在面对问题的时候，如果发起人参与解决过程，通常不会那么不开心。所以在有困难时，要积极主动和他们联系，和他们讨论多种选择方案，让他们感到他们在参与确定补救行动过程。

另外，我也喜欢三不五时地邀请特约嘉宾参加规划扑克会（参见捷径 14）。这些估算会议总是充满活力，相互合作，信息丰富，并且，如果主持得好的话，会让发起人觉得团队真的非常有能耐！

最后还有明显得几乎不必说出来的一条，邀请发起人参加定期的 Sprint 检验会议，他们可以趁机机会为开发团队提供反馈意见，表示夸奖和赞赏（参见捷径 22）。

保证他们在信息圈中

发起人讨厌被蒙在鼓里。多亏有 Scrum 所强调的透明度和可见度，不再有任何深藏不露、不为人知的秘密。可以尝试用以下方式（参见图 9.1）来填写月历，拥抱 Scrum 的透明度和可见度。

- 时不时地带领发起人来一个"任务板观光游"。解释所有丰富多彩的便利贴的意思，为什么燃尽图上本周早些时候有个奇怪的小尖峰（参见捷径 21 ）。

- 定期演讲或举办午餐会深入介绍具体的 Scrum 实践，例如相对估算或用户故事。

- 传阅书籍和文章，进一步普及 Scrum。保守型组织往往不喜欢开拓新的工作方式，所以强调 Scrum 正在迅速成为主流往往会让他们觉得很放心。

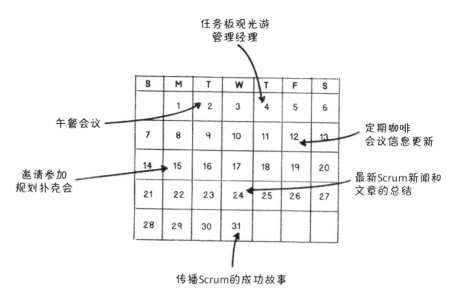

图 9.1 通过各种方式与项目发起人保持联系，保证他们及时了解信息

- 通过传阅每月 Scrum 的成功故事更新来宣传成功事例。它并不一定只是定量的统计，例如出错数量减少或发布时间更快，还应该用在更内在、本质的宣传推广。例如，原来从不沟通的组织一旦建立起合作关系就绝对应该好好庆祝。

- 我非常热衷于分享 Scrum 推广过程中的各种战斗故事。Mike Cohn 在《Scrum 敏捷软件开发》中把这样的经验分享归于"内部体验报告演讲"并准确指出："有亲身经历的人分享出来的东西最有价值。"

保持外交规则

绝不要说不，这是我向时间老人学到的一课。没有人喜欢被告知不行，所以我们需要经常玩一些游戏。

突然表现得像咄咄逼人的罗特维尔狗一样，拿 Scrum 规则作为保护伞，觉得自己大权在手，把所有事情向后推或者拒绝，这可不是一个可行的好办法。

就算发起人理解并且赞同推后，人的本性也决定没有人喜欢被直截了当地拒绝。如果发起人觉得自己被忽视，会再次把被拒绝的事情提出来讨论。

我个人喜欢用一个简单的方法说不。以下是一个例子。

> 发起人："我知道我们现在已进入 Sprint，但能不能推迟用户故事 ABC，先实现用户故事 XYZ 呢？"
>
> 我说："没问题，干系人先生，我们可以做任何事情。但是，请考虑这个变化所带来的影响。影响包括破坏我们的强劲的发展动力，叫停这个 Sprint，最糟糕的是，破坏我们的 Scrum 流程，破坏开发人员对这个新的积极工作方式的信心。
>
> 你同意我的看法吗？在现在这个时间点，变化所带来的影响大于其所能提供的好处？那么，我们下个 Sprint 最先解决我们的用户故事 XYZ，其实也就是短短几天之后的事情。"

我发现，在大多数时候，这种方法可以创造奇迹，真正产生双赢的局面：每个人都得到自己想要的，同时也让人觉得他们一直都是宽宏大量并且合情合理的。

开始讨论时间应该花到纯技术任务上（而不是功能型任务）时，你也可能想将事情往后推，例如单元测试和重构。我发现解决这些问题最简单的方法是使用统计数字和其他知名的、已取得高度成功的公司的先例。例如，我在解释偿还累积技术债务的需要时，就会用发起人的措辞，引用《华尔街日报》关于 eBay 的文章：

> eBay 的系统涉及 25 万行缺乏灵活性的代码，很快就成为一项债务……收益是模糊的，而风险却非常真实。然而，你必须担负起这个责任。如果不这样做，你就会落后于同行，导致公司破产倒闭。（Flower and Morrison 2010）

尽管发起人未必真正了解技术债务和重构，但我已经发现"如果它对 eBay 来说足够好并在《华尔街日报》上被谈及，我们也许应该做"这个态度很普遍，这对我来说已经足够了。

牢记谁是出资方

记得那句老话"谁有黄金谁定法则！"发起人，出资让 Scrum 团队开发产品的人，有权、有能力决定他们喜欢的工作方式。当心，看法就是现实。你一定不想只是因为发起人不了解 Scrum，就恢复回到以前的黑暗过去。

如果有人认为 Scrum 建立的是一些不守规矩的牛仔队，则说明只要你选择了这份工作，就要与发起人合作，帮助他们更深入、更全面地理解 Scrum，让他们知道 Scrum 为什么能带来收益并为投资收益率最大化提供最合适的机会。

捷径 26：我的上帝我的神

当一个 ScrumMaster 变成两个，然后三个，然后四个，生活就开始变得异彩纷呈。Scrum 显然已经在组织中站稳脚跟并准备长期扎根。

虽然形势大好，但你仍然必须小心建立坚实的支持以保持积极正面的发展并在不断扩展的范围内维持一定程度的一致性和纪律。

为了确保不出现问题，可以考虑建立一个新的职位来负责维护标准和一致性。在 Scrum 中，如果有一个相当于 PMO（项目管理办公室）的职能部门，是比较理想的。然而，建立项目管理办公室是一个并不轻松的壮举，而且因为这本书讲的是有效的捷径，所以我建议一个更简单的方案（至少可以从这里入手）：创立首席 ScrumMaster 职位。

ScrumMaster 和首席 ScrumMaster

虽然 Scrum 没有规定任何功能性的主导角色，但现实是需要有一个人来处理人力资源、职业发展和技术指导等职责。简而言之，首席 ScrumMaster 可以为若干个 ScrumMaster 履行这个角色并充当组织范围内负责策略的 Scrum 教练（参见图 9.2）。如果喜欢相对松散

的结构,可以把首席 ScrumMaster 视为 ScrumMaster 社区的主持人
(参见捷径 27)。

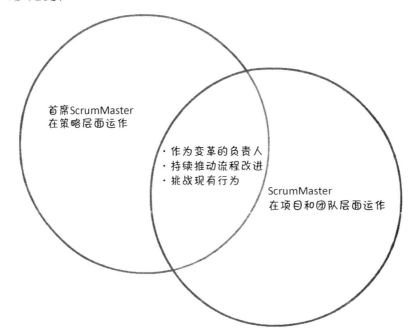

图 9.2　虽然两个角色不同,但有很多重要的共性

现在,这两个角色之间的普通关系已经确立,我们先从首席
ScrumMaster 的角色开始,探索一下每个角色的特定功能。

首席 ScrumMaster 的核心职能

Mike Cohn 在《Scrum 敏捷软件开发》一书中对 Scrum 的 PMO 核
心功能提供了极好的基本描述。我要从中选择一系列功能对首席
ScrumMaster 职位加以说明。我已经把这些描述加入自己的意见,
如果想知道 Cohn 的原始定义,请参阅原书。

培训和辅导

新手 ScrumMaster 需要学习如何成为优秀的 ScrumMaster,成长中
的 ScrumMaster 需要学习如何成为卓越的 ScrumMaster。为了帮助
促进这一教育过程,需要建立计划方案。

挑战现有的行为

Mike Cohn 谈到挑战"有恢复旧习惯倾向"的团队。重要程度显而易见，但对于首席 ScrumMaster 来说，不断挑战组织（全局性）以防组织恢复系统化陋习，也是极其重要的。

提供和维护工具

无论企业决定使用高科技或低技术工具（或两者的结合），都需要定义和调整各种文件模板，并做好版本控制。

定义指标，善用指标

指标应该是出于善意（而非恶意）而谨慎使用的（参见捷径 19）。首席 ScrumMaster 需要确保相关指标已经制定并用于正当的目的。

帮助建立实践社区

比较理想的情况是从基层发起，开始建立关于特定功能的实践社区（Cohn 2009）。然而，往往也需要在初始的启动中在运作过程中偶尔得到其他人的帮助，以此保持有效运行。

确保一致性

确保多个团队之间的一致性可能是首席 ScrumMaster 最重要的职责。维持一致性和纪律非常重要，尤其是有多个团队和多个 ScrumMaster 的时候。如果某些团队需要或者想采用不同的方式（无论何种原因），首席 ScrumMaster 应该指导并以系统化的方式明确锁定目标以推进这些变化。

团队之间的协调

多个相互依赖的团队做同一个产品列表中的任务，所以，为确保协调工作顺利进行，需要定义和维护一个良好的工作流程。

附加职能

下面是我觉得可以添加到 Cohn 这一列表中的一些附加职能。

坚持推广 Scrum

Scrum 推广工作不仅在早期应用阶段需要做，而且在组织发展过程中也需要做。总有新的干系人加入进来，他们需要了解现有的 Scrum 环境。

发展 Scrum 实施方式

记住，Scrum 是一个框架，而不是一个有具体规则的方式（参见捷径 2）。因此，首席 ScrumMaster 应该初步定义一个具体的、适用于自己组织并且量身订制的实践方式。

公司范围内的教育

第一次引入一个新的 Scrum 举措或实践时，企业内部需要有持续的教育来确保大家理解可能带来的收益。

协调多个团队之间的完成定义

协调多个团队之间逐步改进的完成定义，确保它的一致性，对保证期望值的一致性（特别是在关键的集成时期）尤为重要。

通过集体回顾会议来保证持续流程改进

在团队的各种 Sprint 回顾会议中，许多有用的建议相继浮出水面。团队 X 的宝贵想法（对其他团队可能也有帮助）可以被所有的团队采用，这是至关重要的。

上报阻碍

阻碍团队工作进展的障碍并不都可以通过团队的 ScrumMaster 来解决，尤其是与组织层面限制有关的，例如办公工作环境和/或激励奖励计划等问题。首席 ScrumMaster 应该上报这样的问题。

多个 ScrumMaster 的人力资源管理

就像组织中其他人一样，ScrumMaster 也有需要接受管理的人力资源，如职业生涯规划、薪酬评估、培训和辅导。

营造有利于推广 Scrum 的办公环境

要想取得成功，Scrum 需要有一个有利于协作的、舒适的团队环境，同时还要最小化来自外界的干扰（参见捷径 3）。确保与后勤部门愉快合作，他们可以在需要的时间和地点帮助改善办公环境，这是 Scrum 取得成功不可或缺的前提条件。

ScrumMaster 角色的核心职责

当 ScrumMaster 还只是一个小组织里的一只孤狼时，前面列出的首席 ScrumMaster 的职责就由 ScrumMaster 承担。然而，如果组织已经有幸拥有一个首席 ScrumMaster，ScrumMaster 就可以放心地关注以下角色和责任。

流程改进

借助于定量指标，结合更定性的 Sprint 回顾会议（参加捷径 23）来确定关键的改进内容（参见捷径 19），这是 ScrumMaster 的基本职责。

管理障碍

在 ScrumMaster 所有职责之中，最有名的是控制阻碍以确保导致项目减速的因素不会变成项目的"拦路虎"（参见捷径 9）。

外交

尤其是在推广初期，原来互不往来的部门成员可能要求在一个新的 Scrum 团队中一起工作。把这些部门团结在一起形成良好的协作，是要求 ScrumMaster 有高操技巧但又关键的职责之一。

教导

ScrumMaster 必须全面充分地了解 Scrum 的框架，更确切地说，必须非常熟悉团队的工作方式和工作方法,这包括精通团队所用的各种工具和技巧。

管理变革

整个产品范围以及个别产品列表的内容，都会定期变化。控制这些变化和引导各个职能来管理变革是相当重要的。

维护 DoD

一旦定义 Scrum 团队的 DoD（参见捷径 11），ScrumMaster 就需要与产品负责人和开发人员齐心协力，确保完成标准的内容已实现，并且维护 DoD 中的内容。

保持有效的沟通

Scrum 依赖于积极的人际交往，因此，ScrumMaster 要积极鼓励并促进可以催生这种互动和交往的文化。

更新文件

ScrumMaster 要与开发人员一起合作，确保 Sprint 文件得以定期更新。（这往往需要紧密跟踪但又不至于喋喋不休的艺术。）

主持研讨会

在项目开始之前，ScrumMaster 要与产品负责人合作，通过主持用户故事研讨会和估算会议的方式来协作创建产品列表。详情可参见捷径 14。

主持 Scrum 活动

在 Sprint 迭代中会发生几项活动，ScrumMaster 要负责顺利开展所有活动。这些活动包括管理一部分后勤工作，主持下面这几个活动：

- 每日站会（参见捷径 20）

- Sprint 计划会议（参见捷径 8）

- Sprint 检验会议（参见捷径 22）

- Sprint 回顾会议（参见捷径 23）

积极主动的 ScrumMaster 还会积极引入新的形式和使用新的会议地点，让这些会议新鲜、有趣。

始终如一的生态系统

唔！阅读这些职责清单的时候，你可以开始真正领悟维持一个成功的 Scrum 生态系统真的是一件非同小可的事件。

我认为，成功的关键（尤其是有动力在大范围内推广 Scrum 时）是一致、规范和继续教育。职责集中的首席 ScrumMaster 在其他专一的 ScrumMaster 的支持下，一定可以确保这些成功的关键因素能够实现。

捷径 27：矩阵中的经理"变形记"

为什么电动汽车花这么久时间才有市场？这已经不是什么秘密了。强大的老牌厂商安于现状，他们更情愿彻底压制任何一种整体上从正面提高效率的运动。他们也没有错，这是一个生存游戏，一个行业可能被淘汰，建立起一个更新、更高效的行业。我们试图在不能接受变革的大型组织中广泛推广 Scrum 时，也面临着同样困难的战斗。许多 Scrum 的采用推广（特别是在较大、较传统的公司中）需要典型的等级权力中心的演变（或甚至有消失的可能），而且完成这一变革需要富有远见的领导力，需要鼓励持续改善，而不是单纯地玩弄权术。

捷径 27 探讨了一些可行的方案来帮助在传统结构停滞不前的组织。这个话题显然太庞大而深远，很难用一个捷径来涵盖，但我们试一下！具体来说，我们将专注于三个关键领域：（1）一般组织结构的选择；（2）传统项目经理的选择；（3）职能经理的选择。

从矩阵中演变出来

随着组织越来越侧重于项目相关工作，结构上也必须做出适应性的调整。最近的主流演变是许多组织逐渐转变为以项目为中心的结构，例如平衡矩阵。但问题是，他们是否已经发展到足以产生一个可持续进步且 Scrum 项目成功运作的环境。在回答这个问题之前，让我们简要回顾一下典型组织结构的一些基本特征。

职能型组织

职能型组织包括以下特征：

- 由专业化部门组成

- 职能部门的经理说了算，参见图 9.3

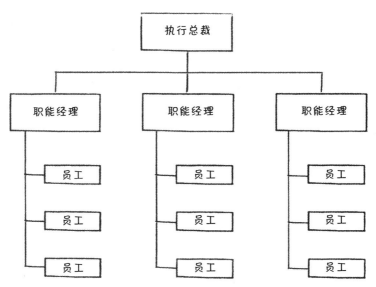

图 9.3　典型的职能型组织

项目型组织

项目型组织包括以下特征：

- 由动态生成的项目团队组成

- 项目经理说了算，参见图 9.4

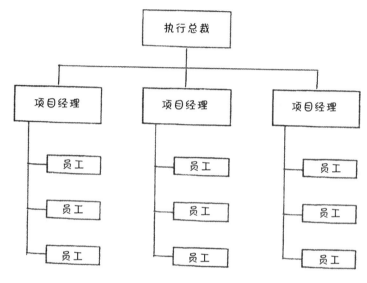

图 9.4 典型的项目型组织

平衡矩阵组织

平衡矩阵组织包括以下特征：

- 由垂直专业部门和横向项目团队组成

- 项目经理和职能经理之间相互制衡，共同决策，参见图 9.5

大型企业越来越倾向于采纳这种平衡矩阵结构。在这种结构中，项目各职能部门经理分配给项目经理的成员由临时从是和其他资源。一旦完成，项目组就解散，每个人返回自己原来的职能角色、运作角色或加入另一个项目组。对许多非敏捷热衷者来说，这种设置是完美的，是让人皆大欢喜的折中。

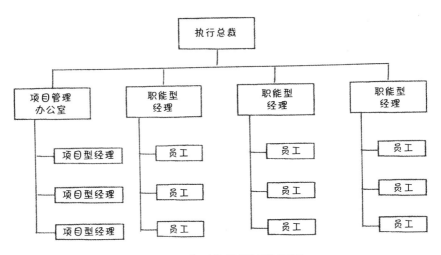

图 9.5　典型的平衡矩阵组织

以团队为中心的组织

那么，为什么平衡矩阵结构还是和我们的需要相差甚远呢？虽然 Scrum 框架的目的是有效促进软件项目，但项目本身不应该被视为核心组件（显然职能部门肯定也不是）。下一代组织结构到底应该围绕哪些核心组成部分来构建？我希望答案对你而言是显而易见，不过，如果你不知道，答案也应该是……等一下……Scrum 团队！在一个以团队为中心的组织（参见图 9.6），团队会被分配到项目，而不是项目被指派成员（通常是根据实际情况）。敏捷教练罗伯·马赫（Rob Maher）指出，以团队为中心的方式具有一些主要的优点：

> 团队经历一个已经验证的生命周期——形成期，动荡期、稳荡和高产期（Tuckman，2010）。这个成熟过程需要一定的时间，甚至长达数月。团队成员知道自己的长处和短处，学会如何沟通、协作和解决冲突。为什么要分开这样一个高绩效团队呢？目前发布的证据表明，为了某个项目分配成员的短期小组总是生产力较低。（Maher 2011）

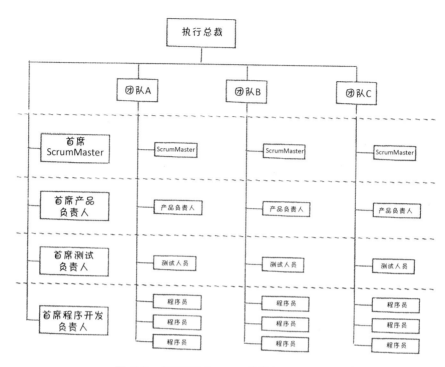

图 9.6　有利于 Scrum 成长的组织结构

除了产生更高生产力的基本收益，以团队为中心的方式还有其他的优势，例如长时间一起工作的团队已经成功积累了长时间运行的历史速度的数据，从而有能力提供更准确的预测（参见捷径 19）。

想想类似于军事上跨职能突击队的以团队为中心的结构。不是在任务出现再组成新的团队，这种情况下最合适的预先存在的团队可以分配到最有能力承担的任务。当然，也可能在偶然情况下突击队中需要添加其他类型的专家，但因为他们强大的凝聚力、信任和操作的熟悉程度，绝大部分成员始终都能在一起。

项目经理不会消失

Scrum 只介绍三个角色：ScrumMaster、产品负责人和开发团队。这个看似简单的分类不可避免地导致现任项目经理经常提出这个尴尬的问题："嗯，我们项目经理怎么办？"Cohn 在《Scrum 敏捷软件开发》中给出一个严厉的回答，他指出："在 Scrum 中，项目经理这个角色再也站不住脚，所以我们取消了这个角色。"这同时导致另外一个问题（通常有些恐慌音调）："原来那些关键的项目管理功能，如日程安排、预算和规划等，怎么做呢？"我通常喜欢这样回答："嗯，其实，这些职责不同程度地分配到三个不同的 Scrum 角色之中。"项目经理深呼吸之后继续问道："那……这对我来说意味着什么？"我接着比较机智地回答："嗯，这意味着如果你想在 Scrum 世界里工作，就必须转型成为一个 ScrumMaster、产品负责人或开发人员，这非常简单。"现在，沮丧的项目经理往往会感叹并提供一个最终声明："我喜欢 Scrum，但我喜欢当项目经理，也不想放弃项目经理这个职位，所以我想我没有办法和 Scrum 共存。"

我见过这种情况，但我不喜欢这样的事情发生。不分精华糟粕而全盘否定实在是太浪费，所以有没有另一种选择可以让传统项目经理参与 Scrum 项目呢？我的意见是肯定的。（但带有一个大大的"但是"。）这个"但是"是我完全同意 Scrum 团队没有传统项目经理的位置。依我所见，项目经理可以再次发挥潜力的地方是利用 Scrum 开发一个跨多个部门的项目。让我们进一步探讨一下。

项目全图

在大多数情况下，Scrum 开发项目都不是在一个组织的真空中运行的。在开发的结尾，通常有组织其他部门某些活动所带来的混乱。市场团队正在试图了解如何最好地定位新产品的同时，销售团队在试图了解需要演示的产品，客服团队正在加强对产品的了解以便解答客户对产品提出的问题，财务团队需要整合新产品定价和收益的模式（参见图 9.7）。哇！肯定有很多需要协调和管理的地方。我个人觉得这个组织内部的协调、后勤规划、调度计划和跟踪责任重大，非常适合传统的项目经理。

第三方

Kenneth Rubin 在他的畅销书《Scrum 精髓》中提供了关于项目经理可以增值的另外一种建议，即对采用 Scrum 的团队和可能没有采用 Scrum 的承包商进行协调。

在有些产品或服务的开发中，用 Scrum 做的开发工作只占一小部分，而其他工作由分包商、内部非 Scrum 团队或其他与产品交付有关的内部组织完成。在这种情况下，项目经理仍然是有价值的。

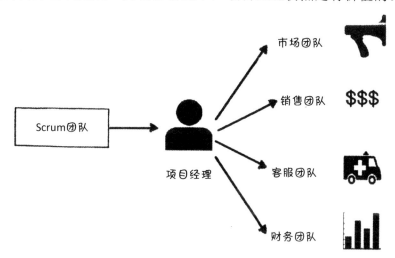

图 9.7　项目经理可以作为 Scrum 团队和其他部门之间的重要接口

职能经理的未来

现在，我们已经谈论过项目经理一些选择，让我们改变一下路径，着重讨论采用 Scrum 之后职能部门经理的选择和机会。

问题是这样的：优秀的开发人员已经晋升为职能经理。新经理慢慢开始享受和重视等级特权。当然，他们可能不再如自己所愿有机会亲自写代码的机会，相反，他们花更多的时间参加无聊的会议、分配授权任务并在行政管理文件中虚度光阴，但是，他们可以告诉他们的妈妈，他们现在已经升职在做管理。很酷，对吧？

问题是，在 Scrum 中，没有规定有职能经理这个职位，负责向自组织团队安排工作。职能部门的经理开始考虑他们的前途。现在是不是会因为 Scrum 而丢掉饭碗呢？

我不这么认为。我的解决方法是简单帮助他们重新定义职能经理的

职责。我通常对他们说的第一件事，很类似于 Scrum 培训师和
Stormglass 首席执行官 Pete Deemer（皮特·迪默）的推荐做法，
他建议：

> 用最简单的术语来说，在 Scrum 中，经理对团队减少保姆般的
> 照顾，增加更多导师或师傅般的辅导，帮助他们学习、成长和
> 表现。目前还没有哪一个现任职能经理对此表示不满和抱怨。
> （Deemer 2011）

接下来，我谈到在多个 Scrum 团队的情况下，我们对于确定技术标
准有强烈的需求并需要有人能够指导团队解决团队内或者跨团队
的技术障碍。我们的职能经理对此还是非常满意和赞同的。

接下来，我要说需要有人能够找出知识差距并由此制定合适的学习
和发展计划，在技术和专业领域方面持续改进。大家对此还是有
异议。

我还要提到，当我们组建新的团队或需要更换队员的时候，需要有
能力、有资格的人帮助招募新的开发人才。大家对此也没有什
么异议。

最后，我告诉职能部门经理，他们可以甩掉痛苦的任务分配，重新
专注于自己真正喜欢做的事情！对于这一重新定义，他们的典型反
应是："听起来太好了！我们什么时候开始？"

我认为这个结构性转变是摆脱等级指挥和实现"实践社区"的必要
步骤。如果这个转变成功，我真的不介意他们继续挂着职能经理的
头衔。

让我们面对现实

并不是因为 Scrum 只介绍三个角色，就意味着其他所有的人都变得
多余或重复。组织结构的变化及大批砍掉传统职能（例如项目经理）
不仅不现实，而且在很多情况下不必要。以开放的心态思考，可以
发现备选方法，使这些传统角色在不破坏真正 Scrum 模式的前提下

转变职能。

通过接受现有的职能，例如更高级别的项目管理，我们也许能够消除一个相当大的影响 Scrum 导入的障碍，特别是在规模更大、更传统的组织中。

结语

本章讨论的三个捷径聚焦于选择战术、工具和技巧将高阶干系人融入 Scrum 框架。让我们来回顾一下。

捷径 25：看法就是现实

- 与发起人建立流畅的工作关系很重要。

- 生成产品愿景的有效方式："一页总结"。

- 确保项目发起人随时知晓项目最新动态的技巧。

捷径 26：我的上帝我的神

- 首席 ScrumMaster 和 ScrumMaster 角色之间的区别。

- 了解首席 ScrumMaster 的核心职能。

- 了解 ScrumMaster 的核心职能。

捷径 27：矩阵中的经理"变形记"

- 以团队为中心的组织结构优于典型的平衡矩阵或功能型模型。

- 不希望过渡到 Scrum 核心角色的传统项目经理如何转？

- 职能经理角色的演变。

第 10 章

更大的经验教训

当你努力工作，向前冲刺的时候，有时会碰到只见树木不见森林的情况。在这本书结束之时，在这最后一章中，我们一起退一步，从整体上看到底什么是最重要的。

下面的三个捷径提供最后三个在更大范围引进 Scrum 的经验教训。**捷径 28：Scrum 推广的推算**分析考察一系列宏观指标，它们有助于衡量组织层面不断提高的 Scrum 和敏捷能力。**捷径 29：有所追求**深入研究自组织对释放团队全部潜力的重要性。最后，**捷径 30：终极捷径**聚焦于无比强大并且最基本的三个词：透明、检查和适应。

捷径 28：Scrum 推广的推算

如果你读过捷径 19，一定记得我的承诺，是的，这是第二部分。如果你没有读过，也不用担心，因为我保留我前面的说法，你可以独立阅读这本书里的捷径，但这些都不影响现在介绍另外一个捷径，不是吗？无论如何，和有意义的指标那个捷径相比，最大的区别是，现在我们已经准备好提高到另一个层次，要从全面推广 Scrum 的角度来讨论指标，而不是在一个 Scrum 项目层面上讨论。相同的核心建议仍然适用，比如需要使用"善意指标"，而不是"恶意指标"，这是我们马上要探索的。

我们到底有多敏捷？

我有时听到圈内人士对项目团队如此评价："我们大约达到了85%的敏捷"或者这样说："我们发挥了 Scrum 大概 50%的效能。"在我听到类似评价时，脑海中出现的典型问题是："究竟是什么意思？"

让我们看一下第一个观点："我们大约达到了 85%的敏捷。"真的吗？如果这样，这是不是说如果做事情的方法稍微不同，可能开始多尝试一些实践，很快就可以 100%敏捷了？哇，你不可能比 100%还好，那么当你达到这个幸运的里程碑之后，我想除了维持现状，应该没有更多的什么事情要做了，对不对？错！我曾经说过，但你不需要我来说服你，100%完美敏捷是永远不会实现的！总有一些东西可以做得更好并且考虑到 Scrum 最根本的基石就是持续改进，完美更不可能实现了！运用百分比来计算敏捷程度根本没有意义。

我来更简洁地回答第二个观点"我们发挥了 Scrum 大概 50%的效能。"要么采用 Scrum，要么不采用。它是二进制的（参见图 10.1）。我们已经在捷径 2 讨论过部分实施 Scrum 并将它与国际象棋做比较，没有人能在缺少棋子的情况下玩国际象棋。同样，你不能采用 50%的 Scrum，因为如果这样做，你可能做得像 Scrum，但肯定不是 Scrum 实践。

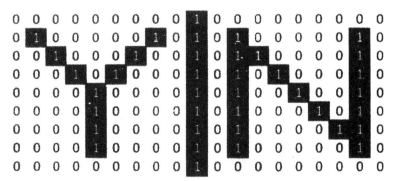

图 10.1　采用 Scrum 实践是二进制的，没有部分 Scrum 这种说法

人类天生爱测量

人类对于测量的痴迷可能开始于我们骄傲的父母用铅笔在墙上标记我们的身高。人类喜欢分数,我们由于多种原因喜欢评估自己的进展。这如果有正当理由,并不见得是一件坏事,例如衡量持续的流程和测量 Scrum 可以交付的内容(尤其是相对于捷径 1 列出的初始潜在收益)。评估也可能是对一个杰出团队的激励,让每个人都想进步,就像武术中的腰带体系一样。确实,对某些人来说黑带或是白带比真实的功夫水准更重要;但是,对于大多数人来说,腰带表示他们已经进步提高,他们的辛勤工作努力被认同,并且这在我的书中并不是一件坏事。

你可能意识到主要基于以下原因而需要测量 Scrum 推广的成功。

- 决定是否应该继续推广 Scrum。
- 评估团队在 Scrum 旅程中的进展。

我们应该继续吗?

怎么判断最初的 Scrum 推广是否成功?嗯,可以依靠表格中的一堆数字,将 Scrum 前和 Scrum 后的项目做比较,但我个人不喜欢使用这种方法(至少不是在完全隔离其他因素的情况下)。主要原因是 Scrum 不是一个机械化的流程。它对人和文化的依赖性极高,就算有极其出色的量化结果,如果引入 Scrum 之后所带来的变化可能使很多人不开心,也不利于 Scrum 的长期发展。

我特别喜欢的一个可以帮助任何定量反馈的方法是一个简单的、主观的和协作性的问卷调查。我是在 Scrum 培训师 Gabrielle Benefield(加布丽尔・贝勒菲尔德)的文章中第一次看到这个方法的。为了了解他们在雅虎全球首创推广 Scrum 的有效性,Benefield 和 Deemer 使用了一个简单的、基于以下六个标准的调查问卷:

- 团队在 30 天内的产出

- 目标的明确性，即团队计划交付什么内容

- 团队内部的协作与合作

- 团队在 30 天内产生的商业价值

- 被浪费的时间，得返工的或者不再需要的工作，没有有效产出的 Sprint

- 团队产出的总体质量和"准确性"

每个参与调查的人都有机会用以下可能的答案回答以上每个标准：

- Scrum 非常差

- Scrum 更差

- Scrum 大致相同

- Scrum 更好

- Scrum 非常好

这些结果汇总可以清楚而真实地体现 Scrum 的有效性。

成本与效益

现在，不管希望从调查问卷获得什么温馨而模糊的结果，这些都不应该是 Scrum 是否可以在整个组织内大力成功推广的唯一指标。记住，不像孤立的试点项目，在更大范围的组织环境中推广 Scrum 并不像在真空中运作那么简单。从精心计划的试点转变为更大范围的推广，必然面临一系列新的且通常非常重大而复杂的障碍。现在必须考虑好如何应对它们。这些障碍可能包括把跨职能团队安排在一起办公，修改员工激励计划，调整办公室布局，检修签核手续和客户合同的结构，等等。

一个冰冷而残酷的现实是，在一些组织中，最初推广 Scrum 可能只

能达到识别各种影响阻碍 Scrum 成功推广的环境和文化的限制因素的目的。这个组织很有可能没有准备好，或者不愿意，或者不能消除这些必要的限制因素。

我们变得更好了吗？

我们再看看更多利好的消息。比如，Scrum 在组织中还存在，还在蒸蒸日上，发展势头良好。那么理所当然的，你想衡量一下你们是已经停滞不前，还是在蓬勃发展。

为了做这个评估，需要用过去的表现或相对于其他人（尤其是竞争对手）的表现作为相对基准。

我们真的很幸运，Mountain Goat 软件公司的 Mike Cohn 和 Innolution 公司的 Kenny Rubin 已经通过建立"比较敏捷度"（Comparative Agility）网站来减少我们原本要经历的很多痛苦。他们如此解释：

> 在"比较敏捷度"中，我们假设敏捷团队和组织总是努力超越其竞争对手，超越自我。因此，没有在达到圣杯或者"十全十美"这样的说法。事实上，也没有预定义的"业界最佳"或"敏捷成熟度 5 级"这样的说法。相反，"比较敏捷度"评估提供的是一套和其他组织的状态相比较的调查反馈结果。例如，使用"比较敏捷度"可以按照以下内容比较团队、项目或组织：
>
> - 收集到的所有反馈
>
> - 同行业组织的反馈
>
> - 类似项目（如商业软件，网站等）的反馈
>
> - 敏捷采用时间长度相似的项目的反馈

"比较敏捷度"75 个问题分为 7 个维度和 32 个特性。这 7 个维度代表预计可以帮助团队或组织变得更敏捷的变化因素的大概分类。这 7 个维度分别是：

- 团队合作

- 需求

- 规划

- 技术实践

- 质量

- 文化

- 知识创造

每个维度由三至六个特征以及一组帮助评估团队特征的问题组成。（Cohn and Rubin 2010）

这份调查问卷很容易上手并针对相对进展提供了一些吸引人的见解。

我对"比较敏捷度"评估等工具有信心，因为这些工具是由真正的专家设计引进的。不过，我还是要提醒你：如果和别人对比是你的唯一基准，那么在本质上，你是在让别人左右你的进度，可能导致你停滞不前。例如，如果参加问卷调查，并且意识到自己与其他组织相比已经做得特别好，你可能会有一种错误的安全感。首先，你的竞争对手不一定参加了问卷调查。而更糟的是，你可能会觉得自己已经处于巅峰状态而可以放松一下，因此停下持续改进的脚步，这绝不是一个好主意。

保持简单

如果真的想让事情变得简单，其实问三个问题即可。

- 客户是否更满意，比如他们是否仍然是你们的忠诚客户并且购买更多的产品？

- 团队成员是否更加快乐，比如他们是弃 Scrum 而去，还是更愉快？

- 项目干系人是否更高兴，比如他们是否更放松并且放手让团队做工作，而不是继续微观管理？

此外，真正令你感兴趣的应该是 Scrum 推广的速度。Scrum 是不是成果显著以至于可以到推广传播到更大的范围？是不是甚至已经跨越鸿沟到其他非软件相关的部门？对于我来说，这才是最终的成功！

传播利好消息

在澳大利亚，不擅于庆祝成功是人们广泛接受的文化传统之一（这种特性，不管你相信与否，甚至有一个特定绰号："高大罂粟花综合症"。）保持谦卑低调有时的确令人钦佩；但是，当我们引入变革时，庆祝成功更关键，这可以帮助保持动力，让大家对变化感到兴奋并鼓励冒险引入变化的人。因此，在这种情况下，我建议暂时忘记谦虚，高调一些，让全世界都知道事情进展顺利！定期组织团队会议，讨论进展。邀请资深的项目干系人参加这样的会议。像捷径 25 所讨论的，用亲身经历的故事来支持统计数据。大张旗鼓地庆祝成功吧！我不在乎你具体怎么做，但应该庆祝持续改进并让团队和组织感受到这一荣耀。

捷径 29：有所追求

在我的成长过程中，我对足球非常迷恋。（或者对我的澳大利亚同胞和在北美的朋友来说是"英式足球"。）

在学校午餐的时间，我们一大群人会直奔足球场，开始相当激烈的临时球赛。我们迅速组织成两队，然后开始。当我回想起那些让我心悦的球赛时，总是感慨于我们之间似乎自发的惊人的化学反应。不知什么缘故，我们总是可以立即决定谁在哪个位置。没有统一球服的帮助，我们可以通过简单的、不断的交流来识别谁是哪个球队的。大家都非常投入（尤其是考虑到除了当天胜利者的自豪以外并没有其他任何的奖励），大家配合得天衣无缝，每个人似乎都知道其他人的位置。这简直就是心灵感应，如果有人不巧要自己单独做后卫防范，其他队员会急奔而至（他们并不一定是后卫）。但最重要的是紧密的情谊，无论输赢，大家总是互相鼓励。

我也有幸代表我所在的州参加过国家级足球比赛。我对自己的第一场比赛有非常高的期望，因为我要和全国精英中的精英一起比赛。我们有精美的队服、才华横溢的专业球员、经验丰富的经理人及其制定的丰富、详尽的计划，我们还有高涨的士气（国家队的成员将在本次比赛中定夺）。那么，这场比赛进行得怎样呢？我们有没有表现得像我们自认的明星一样？答案是根本没有！我们的表现非常平庸！"为什么呢？出了什么问题？"你一定会这样问。唉，我们意见不合，任何一个小错误都会揪住不放；只要有一个人受伤，我们精心制定的比赛计划就会马上失败；我们相互不了解，所以无法发挥彼此的优势；在个人荣誉至上的驱动下，团队合作被遗忘；由于非常严格的定位战术，在有人寡不敌众的时候，没有人上来帮忙或援助。

最基本的原因是，采用这种命令和控制的方法来踢球(再加上一群自大狂）反而不如我们中午休息时比赛的自组织团队有效。

请问，这个故事与我们的 Scrum 团队有什么关系？其实，读到这里，你已经意识到作为 ScrumMaster，有大量工作等着你做。被淹没在这么多需要做的事情中，你可能会发现很难将精力集中在圣杯上：保持一个真正的自组织的团队，就像我们中午时间组织的足球队一样。

谈谈自组织

现在，让我们正式定义一下（我知道，我的用词选择有些讽刺意味）自组织到底是什么意思，因为它通常被那些持怀疑态度的人误解成混乱！我喜欢 Kenneth Rubin 的描述：

> 自组织是一个自下而上、不停演进的、复杂的自适应系统。在这样的系统中，许多个体以各种方式相互影响。这些相互影响通过简单且本地化的规则以频繁的反馈来进行。这些类型的系统展示出有趣的特性，例如它们会相当坚固并且产生让人惊叹不已的创新。

> 没有自上而下的命令和控制权威人士来指挥开发团队应该采用

什么样的具体工作方式。相反，一个由多人组成的跨职能团队
自己选择最合适的方式完成工作。（Rubin 2012）

自组织非常强大，我前面的足球例子就是一个明证，简单观察周围
自然环境，就可以一次又一次地领悟这个道理。观察蚁群、蜂箱或
鸟群，你会清楚地看到自组织行为的明确应用。Lyssa Adkins 通过
描述观看弦乐四重奏之后的惊叹，给出另一个来自娱乐界的范例：

> 这四个家伙坐了下来，没有人在看其他人，没有人在做倒计时，
> 没有人深吸一口气，他们就这样开始演奏了……在演奏时，他
> 们各自协调乐曲本身，演奏进行时，他们就这样一起调整和适
> 应。根本不需要指挥。（Adkins 2010）

环境和边界

试图向持怀疑态度的人解释自组织的好处时，关键都不能忽视对边
界的考虑。把自组织的团队比喻为一群无头鸡的持怀疑态度的人要
明白，有责任心的团队成员最有能力决定如何做好自己的工作并且
决定什么时候做。喜欢决定这些方向的经理和做实际工作的团队成
员相比，根本没有资格做这些决定。通过做这些决定，经理所获得
的只是自以为正在掌控组织的错觉。

话虽如此，团队成员仍然不可能奇迹般地在某个早晨睡醒后就直接
达到完全自组织的状态。就像植物一样，自组织需要在有鲜明边界
的特定环境里种植和培育，否则会有蔓延失控的风险，最后爬满邻
居的篱笆。这些边界是不可能自己形成的，也不可能不需要维护。
ScrumMaster 需要与管理层紧密合作，以"建立足够的检查点，以
防不稳定、不确定性和紧张演变成混乱。"（Takeuchi and Nonaka
1986）

这些检查点或边界有许多形状和形式（参见图 10.2）。让我们来看
看其中主要的五大部分。

图 10.2　不论是足球队还是一个 Scrum 团队，自组织都能引导团队更好、更开心

Scrum 规则

首先，我们谈谈 Scrum 规则。尽管目前还没有任何 Scrum 警察会从办公室咖啡机后面跳出来惩罚你不遵守 Scrum 规则。如果这些规则不被遵守，高额罚款似乎是一个最好的选择。如果见过因为足球裁判把规则搞错而带来的喧闹，你会发现如果规则变得模糊或经常改变等类似情况，Scrum 团队中也会出现类似的情况。通过不断实施和加强一（小）系列的 Scrum 规则，团队自组织的边界的概念将被明确定义，使他们能够专注于真正要做的工作。

团队的组成

团队成员很少能自己决定团队成员，虽然他们是必须共同努力而达到自组织的人。如果性格不和，技能的错误搭配，自组织的崇高目标就会被抛到九霄云外（参见捷径 5）。甚至在有正确人员组合的情况下，也总会发生矛盾和情形的改变。ScrumMaster 应该帮助管理团队选择团队成员，以确保团队具有自组织的天然条件，以集体形式协同工作。

工作环境

捷径 3 讨论了工作环境的重要性，现实情况是，如果没有一个可以帮助队员协同合作的工作环境，自组织会遭遇更大挑战（但肯定仍然是可行的）。创建一个开放并有一定独立性的空间，有利于自然、经常的沟通和交流，使自组织团队在不需要事先设计好的正式沟通渠道情况下，能够轻松地合作。

文化

如果每个人都在不断掩盖自己的错误，公开指责其他人，那可以断言，实现自组织状态的几率介于零与零之间。ScrumMaster 和管理团队有责任提供一个可以轻松合作的，文化安全的避风港（参见捷径 24）。这种文化上的需要也会促进团队集体对不断寻求改进机会的愿望，并且不害怕失败，愿意尝试新想法。

需求

Scrum 的一个基本原则是，产品负责人（通过产品列表）决定开发什么，以什么顺序开发，而不是开发团队心血来潮的决定。此外，双方已经共同商定的完成标准（DoD）（参见捷径 11）设定明确的质量界限，确保产品负责人和开发团队之间的期望保持一致。

确保开发人员理解产品列表的内在制约及完成标准(DoD)是至关重要的，这让他们可以自由地自组织并用最优的方式开发需求。

永存的角色

每当听到一些貌似崇高的呼声，比如："作为卓越的 ScrumMaster，我们应该努力使自己的角色不可或缺"，我就觉得很不舒服。他们的言下之意是一旦等到团队实现了自组织的目标，ScrumMaster 就变得多余了。这简直瞎扯，我告诉你到底为什么。

首先，变化是不可避免的。例如纪录总会被打破，全明星运动队成员不会永远待在一起，同时也不会有一个辉煌的、自组织的 Scrum

团队。人们更换职位，团队成员休假，公司重组而导致团队分裂。只要可能有改变，就离不开 ScrumMaster。

其次，障碍永远是无法预测的。没有人知道什么时候有不可预计的事情发生，自组织的团队不能解决。总有一些障碍不应该由团队而应该由 ScrumMaster 来解决，以确保开发团队能把时间充分投入实际的开发工作。

最后，完美是不可能的。世界没有十全十美的东西，总有可以改进的空间，走向成熟的自组织团队也不例外。相较于在不那么成熟的团队中做明显快速的改进，帮助团队做微调和帮助团队进行增量改进其实更困难（但也可能更有潜在的价值）。

捷径 30：终极捷径

是的，我知道，Scrum "困难而又有破坏性"（Schwaber 2006），我敢肯定，你们中许多人已经这样的说法你都听得耳朵起茧，恶心得想吐了。

我对这种论点没有什么异议，因为 Scrum 的确没有什么严格的转型变革规定。有许多障碍需要克服，例如建立跨职能团队的凝聚力；确保产品负责人的授权；保持高绩效的自组织团队在一起；确保高级项目干系人从系统方面支持变革。

不过，我倾向于从另外一个方式看 Scrum。在我看来，这是完全无误的，并且总是双赢。听起来好像奇怪，不是吗？好吧，让我解释一下。

自我审视

记得在捷径 12 中，我讨论了在一个 Sprint 中不断检查和调整正在完成的工作，就像是团队频频照镜子尽早发现小问题。现在，让我们在宏观层面上采取同样的原则。让我们现实一些，Scrum 项目不可能总是成功的。它可能由于多种原因而彻底失败。但是，如果严守纪律，遵循 Scrum 规则，坚持实施关键的实践，那么，即使在最糟糕的情况下，Scrum 也会像一面镜子一样，帮助曝光导致项目夭折的功能障碍。如果能找出这些问题，就应该认为这就是成就！这就像身体健康一样，如果不舒服，难道不想知道自己到底有什么问题以便选择对应的治疗方案？Scrum 像一名高明的医生，有能力有识别和诊断各种甚至微不足道的问题。

选择有自己特色的大胆尝试

请记住，Scrum 是一个只有少数关键规则和一套有限实践的轻量级框架。本书肯定不是试图阐述如何具体落实 Scrum 规则；它只提供一组基于特定经验的解释和意见。无论你是否听从我的具体建议，都不会影响你正在采用 Scrum 的事实，所以只要在 Scrum 框架指导下工作，就可以真正选择自己的大胆尝试。和这本书类似的书籍对你的旅程来说，只是一个可选的旅游指南而已。

好比休假真正需要的是一本护照、一些钱和对旅行法规和地方性法律的理解，而除此之外，你可以自由做自己喜欢的事情。旅游指南不是强制性的，但它们对你肯定有帮助！

实验

在捷径 24 中，我提出某个建议以帮助说服保守的悲观主义者走出对变化的畏惧。这个建议的作用及功效很大，值得在最后这个捷径中作为额外的重点再提出来。如果你从整本书中只记住了三个单词，它们应该是

透明

检查

适应

这三个经验过程控制的支柱构成了 Scrum 的基础，如果能够正确理解，肯定总是能保持双赢。人们不喜欢改变的原因有很多，核心原因之一是，他们觉得一旦决定采用新事物，就不可能再有改变。但事实上，Scrum 是开放的。如果发现有不奏效的地方，有一个很简单的原则：检查和适应。只要是公开和透明的，你会发现很容易检

查，并且通过定期检查，能够有效地适应。适应可能包括调整，回到原来的老办法或尝试全新的东西。采用 Scrum 应该视为包括在一个大试验（也许是一个 Scrum 试点项目）中的多个小实验（从检视和回顾中产生的行动）的大集合。如果这样理解 Scrum，就不会有任何眼泪了，因为最重要的是，通过透明、检查和适应，会找到最合适的幸福之路把团队和组织提升到更高的层次。正如系统理论家 Richard Buckminster Fuller（理查德·巴克明斯特·富勒）所说：

> 一个人每次做新实验，总是能有更多收获。学到的东西不会少。

（Fuller 2008）

不要固步自封

有些人可能已经进入自我感觉良好的阶段。是呀！一直在忙乎 Scrum 的启动和运行。现在进展顺利，每个人都已经笑得合不拢嘴，该放松了，美好的时光会自然继续，对不对？错！回想捷径 4 讨论的内容，当你对迄今所取得的成就感到十分满意的时候，不应该有完成的感觉。记住，没有什么是完美的，所以总有改进的地方。此外，在一个充满活力的组织，没有什么或者什么人可以原地不动。障碍随时可能出现，团队成员将继续发展或者被替换，不同部门可以合并或拆分。无论何时，无论表面上如何风平浪静，都应该意识到整个环境是不断变化的。

变化不断需要一个平和的指导力，来积极响应变化，同时理顺团队的折痕，以免它们变成永久性的皱纹。由于各个层面的诸多人员变动，需要不断地在组织内部提供 Scrum 知识，不只限于参与软件开发工作。你的最终目标是说服组织中的每一个人，让他们意识到"敏捷应该是一种商业战略，而不仅仅是 IT 人员要做的事情。"（Kearns 2012）如果敏捷成为整个组织的 DNA 和文化的一部分，连带效应会使 Scrum 软件项目的实施变得水到渠成，更加自然。

超出预期

这很有趣，但是当你沉浸在 Scrum 中，可能会发现一个有趣的副作用，它会渗透到生活的其他领域，成为一种与生俱来的思维方式和行为方式。例如，我在捷径 11 提到，自从我们的第一个孩子出生，我已经使用 Scrum 和相关的文件和活动来帮助管理家务。而且，我并没有固步自封。我已经在日常生活中接受了 Scrum 基本精神。怎么做的呢？我尝试在工作（和非工作）中保持一个持续和稳定的步伐，无论是家里的杂事还是工作中的事情，我更专注于某一件事情，而不是妄图同时做五件事。（我的老习惯）我不再需要三年的生活计划，相反，我让未来的路线更加灵活，更自然、随性。如今，无论是在工作中或在家里，一旦有独裁指挥和控制行为的行为出现，就会让我警醒并后退一步。（要是在以前，我很可能早已变成发号施令的指挥官。）我现在的目标是采取更类似于合气道的流动艺术，总是使用劝说原则。（我作为 ScrumMaster 所采取的做法。）在这项运动中，与其直接使用武力，不如巧妙地融入你的对手，将他或她的注意力转移到值得关注的地方。这些天我一直在问自己，在不必恢复权威和单边命令的前提下，怎么从别人那儿得到积极的回应。我现在也在做很有规律的反省和回顾，通常是在早晨上班途中，而不是等到 12 月 31 日那一刻，才许下不切实际却又很快被遗忘的新年决心。

结语

当我踏上 Scrum 之旅时，我期待它改进我那些团队的工作方式。我根本没有想到它会改变我的许多相关理念和我的很多行为方式。然而，这正是确确实实发生的事实。Scrum 不仅让我成为一个更好的同事和领导，而且让我相信 Scrum 也使我成为一个更好的人。

我的目标是助力 Scrum 转型特质广泛延伸到软件环境之外，我希望你也能受到鼓舞，与我同行。

谢谢你让我有机会与你分享我的想法，并且祝你的 Scrum 之旅安全、愉快，更加精彩！

参考文献

Adkins, Lyssa. 2010. *Coaching Agile Teams: A Companion for ScrumMasters, Agile Coaches, and Project Managers in Transition.* Addison-Wesley.

Appelo, Jurgen. 2011. *Management 3.0: Leading Agile Developers, Developing Agile Leaders.* Addison-Wesley.

Beck, Kent. 1999. *Extreme Programming Explained: Embrace Change.* Addison-Wesley.

Beck, Kent, Mike Beedle, Arie van Bennekum, Alistair Cockburn, Ward Cunningham, Martin Fowler, James Grenning, Jim Highsmith, Andrew Hunt, Ron Jeffries, Jon Kern, Brian Marick, Robert C. Martin, Steve Mellor, Ken Schwaber, Jeff Sutherland, and Dave Thomas. 2001. *Manifesto for Agile Software Development.* www.agilemanifesto.org.

Benefield, Gabrielle. 2008. Rolling Out Agile in a Large Enterprise. In *Proceedings of the 41st Annual Hawaii International Conference on System Sciences.* IEEE Computer Society.

Bosworth, Andrew. 2009, November 20. Facebook Engineering Bootcamp. *Facebook Engineering's Notes.* www.facebook.com/note.php?note_id=177577963919.

Brooks, Frederick P. 1995. *The Mythical Man-Month: Essays on Software Engineering* (Anniversary Ed, 2nd Ed.). Addison-Wesley.

Carnegie, Dale. 1981. *How to Win Friends and Influence People* (Revised Ed.). Simon & Schuster.

Cohn, Mike. 2002. Alternative Scrum Release Burndown Chart. *Mountain Goat Software—Topics in Scrum.* www.mountaingoatsoftware.com/scrum/alt-releaseburndown/.

———. 2004. *User Stories Applied: For Agile Software Development.* Addison-Wesley.

———. 2007, April 12. Introduction to Scrum Methodology. A downloadable presentation from the Scrum Alliance website. http://scrumalliance.org/resources/47.

———. 2007, November. Why I Don't Use Story Points for Sprint Planning. *Succeeding with Agile: Mike Cohn's Blog.* www.mountaingoatsoftware.com/blog/why-i-dont-use-story-points-for-sprint-planning.

———. 2009. *Succeeding with Agile: Software Development Using Scrum.* Addison-Wesley.

————. 2011, November 28. In Defense of Large Numbers. *Succeeding with Agile: Mike Cohn's Blog.* www.mountaingoatsoftware.com/blog/in-defense-of-large-numbers.

————. 2012, January. Recommendations Not Rules. *Succeeding with Agile: Mike Cohn's Blog.* www.mountaingoatsoftware.com/blog/recommendations-not-rules.

Cohn, Mike and Kenny Rubin. 2010. What is Comparative Agility? *Comparative Agility.* www.comparativeagility.com/overview.

Conway, Melvin. 1968. Why Do Committees Invent? *Datamation* 14(4):28–31.

Crispin, Lisa and Janet Gregory. 2009. *Agile Testing: A Practical Guide for Testers and Agile Teams.* Addison-Wesley.

Deemer, Pete. 2011. *Manager 2.0: The Role of the Manager in Scrum.* Available from www.goodagile.com/resources/roleofthemanager10.pdf.

Deemer, Pete, and Gabrielle Benefield, Craig Larman, Bas Vodde. 2010. *The Scrum Primer, Version 2.0.* www.scrumprimer.com.

DeMarco, Tom and Timothy Lister. 1999. *Peopleware: Productive Projects and Teams,* 2nd Ed. Dorset House.

Derby, Esther and Diana Larsen. 2006. *Agile Retrospectives: Making Good Teams Great.* Pragmatic Bookshelf.

Dwyer, Mike. 2010. Scrum is a silver WHAT and you want to put it WHERE? *Big Visible–Agile Coaching Blog.* www.bigvisible.com/2010/07/scrum-is-a-silver-what-and-you-want-to-put-it-where/.

Fowler, Martin. 2006, May 1. Continuous Integration. From Martin Fowler's website. http://martinfowler.com/articles/continuousIntegration.html.

Fowler, Geoffrey A, and Scott Morrison. 2010, October 31. eBay Attempts to Clean Up the Clutter. *Wall Street Journal.*

Fuller, Richard Buckminster. 2008. *Operating Manual for Spaceship Earth.* Ed. Jaime Snyder. Lars Müller Publishers.

Goddard, Paul. 2011. ScrumMaster: Role or Job? Session presented at Scrum Alliance Global Gathering: London 2011.

Greenleaf, Robert K. 2008. *The Servant as Leader.* Greenleaf Center for Servant Leadership.

Grenning, James. 2009, February 6. Planning Poker Party (the Companion Games). James Grenning's Blog. www.renaissancesoftware.net/blog/archives/36.

Humble, Jez. 2010, August 13. Continuous Delivery vs Continuous Deployment. *Continuous Delivery Blog.* http://continuousdelivery.com/2010/08/continuous-delivery-vs-continuous-deployment/.

Jeffries, Ron. 2010, December 24. Which End of the Horse? *XProgramming.com: An Agile Software Development Resource.* http://xprogramming.com/articles/which-end-of-the-horse/.

Jenkins, Nick. 2008. *A Software Testing Primer. An Introduction to Software Testing.* www.nickjenkins.net/prose/testingPrimer.pdf.

Jobs at Google. 2005, July 28. Zurich office photos. Images available at https://picasaweb.google.com/photos.jobs/ZurichOfficePhotos.

Kearns, Martin. 2012. *Agile and Portfolio/Program Management.* Session presented at Agile Australia 2012, Melbourne.

Keith, Clinton. 2010. *Agile Game Development with Scrum.* Addison-Wesley.

Kniberg, Henrik. 2011. *Lean from the Trenches: Managing Large-Scale Projects with Kanban.* Pragmatic Bookshelf.

Maher, Rob. 2011. *Increasing Team Productivity: A Project Focus Creates Waste and Leaves Value on the Table.* Scrum.org Whitepaper retrieved from the Scrum.org website. www.scrum.org/Portals/0/Documents/Community%20Work/Increasing%20Team%20Productivity.pdf.

Mar, Kane. 2012. Scrum 101—Scrum and Extreme Programming (XP). YouTube.com. July 13. www.youtube.com/watch?v=Pav4YxhsQbc.

Moses, Asher. 2012, May 18. Brain Drain: Why Young Entrepreneurs Leave Home. *Sydney Morning Herald.*

Owsinski, Bobby. 2009. *The Studio Musician's Handbook (Music Pro Guides).* Hal Leonard.

Parkinson, C. Northcote. 1993. *Parkinson's Law.* Buccaneer Books.

Pichler, Roman. 2010. *Agile Product Management with Scrum: Creating Products That Customers Love.* Addison-Wesley.

Pink, Dan H. 2011. *Drive: The Surprising Truth about What Motivates Us.* Riverhead Trade.

Poppendieck, Mary and Tom Poppendieck. 2009. *Leading Lean Software Development: Results Are Not the Point.* Addison-Wesley.

Rubin, Kenneth S. 2012. *Essential Scrum: A Practical Guide to the Most Popular Agile Process.* Addison-Wesley Professional.

Schwaber, Ken. 2004. *Agile Project Management with Scrum* (Microsoft Professional). Microsoft Press.

————. 2006. *Scrum Is Hard and Disruptive.* Available from www.controlchaos.com/storage/scrum-articles/Scrum%20Is%20Hard%20and%20Disruptive.pdf.

————. 2011, April 7. Scrum Fails? *Ken Schwaber's Blog: Telling It Like It Is.* http://kenschwaber.wordpress.com/2011/04/07/scrum-fails/.

Schwaber, Ken, and Jeff Sutherland. 2011. *The Scrum Guide.* Downloadable at www.scrum.org.

Schwartz, Tony. 2012, January 23. Why Appreciation Matters So Much. *Harvard Business Review.* http://blogs.hbr.org/schwartz/2012/01/why-appreciation-matters-so-mu.html.

Scrum Alliance. 2012. *Core Scrum.* Available from http://agileatlas.org/atlas/scrum.

Senor, Dan, and Saul Singer. 2009. *Start-up Nation: The Story of Israel's Economic Miracle.* Grand Central Publishing.

Shore, James, and Shane Warden. 2007. *The Art of Agile Development.* O'Reilly Media.

Silverman, Rachel Emma. 2012, February 2. No More Angling for the Best Seat; More Meetings Are Stand-Up Jobs. *Wall Street Journal.*

Spolsky, Joel. 2007. *Smart and Gets Things Done.* Apress.

Takeuchi, Hirotaka, and Ikujiro Nonaka. 1986, January. The New New Product Development Game. *Harvard Business Review.*

Wilson, Woodrow. 1916, July 10. Address to the Salesmanship Congress. Detroit, Michigan.

Wojcicki, Susan. 2011. The Eight Pillars of Innovation. *Think Quarterly: The Innovation Issue—July 2011.* Available from www.thinkwithgoogle.com/quarterly/innovation/8-pillars-of-innovation.html.

Yip, Jason. 2011, August 29. It's Not Just Standing Up: Patterns for Daily Standup Meetings. From Martin Fowler's website. http://martinfowler.com/articles/itsNotJustStandingUp.htm.